宇宙の秘密を解き明かす
24のスゴい数式

高水裕一

GS
幻冬舎新書
648

宇宙の秘密を解き明かす24のスゴい数式／目次

序章 数式で宇宙を感じる 11

数式世界の歩き方 15

私たちの世界は、4つの力でできている 18

素粒子から宇宙までのスケール 21

数式の家系図 22

第1章 宇宙の数式 27

―アインシュタインの重力理論― 30

1 宇宙すべての支配者 アインシュタイン方程式 31

宇宙という舞台を設定する数式 32

方程式には2種類ある！ 34

宇宙を解き明かす入り口 38

実は、アインシュタイン1人では発見できなかった？ 40

2 宇宙全体のエネルギーを表す フリードマン方程式 44

微分登場！ 時間の微分 45

宇宙はどんな物質でできているのか 46

宇宙はどんな形をしているのか　48
加速しながら膨張している！　51
アインシュタインが認めたくなかった宇宙の形　54

3　ブラックホールを予言した　シュワルツシルト解　58

三平方の定理と同じ仕組み　59
ブラックホールのまわりでは時間が遅れる　62
従軍中にも数式が忘れられなかった男　63

4　宇宙創成を解明できるかもしれない　重力波の波動方程式　65

宇宙の彼方からでも届く「さざ波」　66
絶対にあるのに、100年も見つけられなかった　69

―ニュートンの重力理論―　72

5　方程式のザ・古典　ニュートンの運動方程式　73

「力」という概念を決めた偉大な式　74
ケンブリッジ大学で見られるニュートンの歴史　77

6　重力は私たちが思う以上に特別なもの　ポアソン方程式　80

重力理論のテリトリー　81
フランスの数学・物理学のレベルの高さが窺える　85

7 あなたも私も惹かれあっている　万有引力の式　87
リンゴも月も落ち続けている　88
ほかの惑星の重力を調べてみる　92
魔女裁判との闘いもあったケプラーの法則　93
8 強い重力中での星々の動きを計算する　測地線方程式　96
映画『インターステラー』でも使われた方程式　97

第2章　素粒子の数式　101
原子分子、はてはクォークまでのミクロ世界を支配する量子力学

宇宙の誕生で生まれた素粒子　102
1 人類の叡智、オールインワン　標準理論の数式　105
物理学者の夢、力の統一　106
量子論の基本、プランク定数　107
プランク定数に文字hを使うわけ　108
2 同時に2か所に存在できる　不確定性原理　109
量子論の奇妙さを説明する　110

量子論の誕生「物理量の本質とは何なのか」 113

3 すべてのものは粒であり波である ド・ブロイの式 117

誰も信じられなかった「物質波」 118

驚くほど単純な式 120

シュレディンガーへのバトン 122

4 猫は半分生きていて、半分死んでいる シュレディンガー方程式 124

確率論的に未来が決まる方程式 125

量子論の幕あけ 130

物理学にも、女性にも愛された男 132

5 素粒子がスピンをもっていると示した ディラック方程式 136

ついに「場」を量子論で表した 137

半導体の基礎として 138

座右の銘は、「法則は数学的に美しくなければならない」 141

6 標準理論の数式再び 145

「私たちが存在すること」を裏づけている 146

7 これから人類が向かうべき極限の世界 プランク長 150

この世でもっとも小さい単位 151

数式を書いて貼って眺め続けた研究者 153

第3章 光の数式 155

光速度の世界と、電磁気という
身近な世界を支配する2つの理論

光速度の世界へようこそ 156

―特殊相対性理論― 158

1 質量がエネルギーを生む　相対論的エネルギーの式 161

わずかな質量に、莫大なエネルギーが秘められている 162

GPSから原発まで 163

物理学における「奇跡の年」とは 165

2 「光が法となる世界」をつくり上げた　ローレンツ変換の式 167

アインシュタインより前に「時間と空間」が混じることを発見 168

裏づけをとったのがアインシュタインだった 174

3 光のためにつくられた特別空間　ミンコフスキーメトリック 176

「時空」という概念をつくった 177

物理学と数学の不思議な関係性 181

―電磁気学― 184

4 磁場中での電荷の動きを示す　ローレンツ力の式 185

フレミングの左手の法則 186

相対論の母　ローレンツ博士 190

5 電磁気による現象を統一させた　マクスウェル方程式 193

電磁気学の選抜オーディション 194

電磁気現象の黒幕は光だった 198

物理学のなんでも屋　マクスウェルの発見 203

6 宗教と素数の神秘　微細構造定数の式 207

電磁気力の量子化 208

素数１３７と神秘思想 209

第4章 番外編 213

物理学、さらに数学における重要数式たち

1 「時間は戻るのか」答えを知る唯一の数式　エントロピー増大則 215

エントロピーは時間とともに増大する 216

逆行する時間の矢を発見 219

覆水は盆に返るかもしれない、悪魔の歴史　220

2　偏差値から株価予想まで、データ解析の王様　ガウス分布の式　225

正規分布　226

数学、物理学、天文学と活躍した天才　228

3　美しすぎる数式　オイラーの等式　233

自然界において、もっとも美しい数式　234

片目で論文を書いた数学界の巨人　235

4　足していくのにマイナスになる摩訶不思議　無限級数の式　238

カシミール効果の計算にも使われる　239

証明ができない数学者、ラマヌジャン　241

あとがき　245

図版・DTP　美創

序章
数式で宇宙を感じる

みなさんは、数式と聞くとどんなイメージをもっていますか？

学生時代の嫌なテスト問題の思い出、あるいは意味不明な文字の羅列、そんなネガティブなイメージをもし抱いているなら、この本がきっと新たな扉を開いてくれるはずです。

本書では、物理学、数学などの重要な数式を24種類厳選し、それらをご紹介していき、その数式によって見える宇宙空間からミクロな原子といった、壮大なスケールにまたがる世界観を体感してもらうことを目的としています。

いったい、数式の何がすごいのか？

数式のすばらしさは、見た目のシンプルさと奥深さにあります。本書で登場するアインシュタイン方程式は、宇宙を支配している数式の代表例です。たった1行のこの文字列の中に、ブラックホール、重力波、さらに宇宙全体のことまで実にさまざまな対象が含まれ、数式自体がそれらの豊富な情報を、まるで語り部のように我々に「語りかけて」くれます。2章のルイ・

ド・ブロイという学者の数式では、たった3文字で自然界の真理を語っています。

3章で登場するマクスウェル方程式では、100以上ある式を4つにまとめたことで、光とともに電磁気が働いていることがわかります。

あなたが夜、お洒落《しやれ》な珈琲店にいて、隣に口説こうとしている人が座っているとします。たわいもない話をしていると思ったら、おもむろにテーブルにあるナプキンに、さらさらと数式を書いてみせて、こう言うのです。

「ところで、宇宙の形を知ってる?」

意表を突いたその会話の続きに、お相手はがぜん興味がわいてくるはず!? ナンパテクニックとしてうまくいくかはただの冗談話だとしても、そらで数式をさらっと書いて語れたら、それだけでかっこいいと私は思うのです。

また数式が語る真実は、ときに発見者の予想を超えた予言を行う場合もあり、単なるツールとして用いる以上に、その深い味わいに、研究者はとりこになっていくわけです。たとえば、アインシュタインが唱えた数式に、当時は正体不明だった宇宙定数というものが入っていました。現在この宇宙定数には、宇宙のエネルギー密度の約4分の3を占めるといわれるダークエネルギーが当てはまることがわかっています。

数式を通して、1章では宇宙というものが少しでもみなさんにわかってもらえればうれしいです。

2章では、原子といったミクロな世界を支配する数式が登場します。私たちの日常と全く異なる世界である量子力学というものを舞台に、数式とその意味や魅力を説明して、その世界を体感してもらおうと思います。

3章では、自然界の帝王といえる「光」の世界をご案内します。

これら全部で20種類の数式を通して、宇宙の構造、天体、素粒子、さらには光が見ている世界を体感してもらい、読者のみなさんと共有できればと思います。さらに番外編として、4章では物理学を超えて、数学の分野にもまたがる4種類を加え、合計24のスゴい数式たちの魅力をまとめてご紹介します。

数式の読み方、簡単な解説と魅力、そして誕生秘話、日常で何に使われているかといった側面も示しているので、数式の解説をとばし、そこらへんから読んでみるのもありです。

数式が生み出された物語には、さまざまな研究者による人間味のあるドラマチックなエピソードが多数あります。さらに、私たち研究者だからこそ感じている、「思い入れや魅力」が詰まっています。実際に、その数式が何の役に立つのかといった、日常とのつながりも登場します。

身近なGPSや携帯といったデバイスへの役割がわかると、数式により親近感のあるイメージをもてることでしょう。しかし、それは数式がもつほんの一部のイメージです。そこから広がるスケールの大きな世界観を、解説を読むことで深く味わってもらえたらと思います。自然界におけるあらゆる現象を、私たち人類の先駆者たちが一生涯かけて世代を超えてつなぎ、結晶化させてきた偉大なるもの、それが数式です。

だからただ見た目だけかっこよく語っても、数式の本当の意味を理解していないと、かえってよくないと思う方もいるでしょう。その批判は重々承知です。本当は、これら数式が意味することを説明するためには、数式1つに対して少なくとも1冊分の紙面が必要となる場合もあります。しかし本書ではあえて、数式の中身の説明は極力ざっくりとしたものにとどめることにし、その分多くの数式を登場させることで、その理論の世界観をいろいろな角度から語れるように構成しました。

さて、これまで数式をかっこいいと表現してきましたが、その魅力を伝えていくならまさに本書がやりたいことは、「数式のアイドル化」です。

いくつかのスターの原石となる数式をならべて、アイドルグループとして売り出したい、そんな某プロデューサーのようなことを夢みています。

「キャーすてき〜、かわいい！　かっこいい！」とあなたの推しメンならぬ「推し数式」を見つけてもらいたいのです。あの数式のこんな魅力を、こんな形で売り出せばどうだろう、と日夜この本の執筆の際に頭をひねってきました。数式アイドルの魅力が、みなさんにもきっと伝わるはずと信じています。

本書では「選抜メンバー」として、20種類の数式を3グループに分けてご紹介していきます。そして各数式の最後に、数式アイドルからの一言コメントが登場します。それまでの内容をまとめた一言が冗談半分にのっていますので、最後にそちらをかみしめていただけると、より数式のイメージが膨らむのではないでしょうか。

アイドルをステージの袖から見守る、そんなプロデューサーの姿を想像しながら、本書を読み進めていただけるとありがたいです。

数式世界の歩き方

ここではまず、これから紹介する数式全般に共通する「数式の眺め方のポイント」を簡単にまとめてみたいと思います。

ポイント1：左辺と右辺をイコールで結び、バランスを表している

まず、基本として等式を表すイコールが登場する場合がほとんどです。

もちろん中には単に定義を表す式として、イコールを省いているものもあります。

しかし多くは、「イコールの左側である（左辺）が右側の（右辺）と釣り合う」という意味をもっています。とにかく構造上、イコールを見つけたら、それは左と右の大きなまとまりがあり、なにかバランスをとっているんだなと見てもらえれば十分です。

ポイント2：多くが時間的な変化を記述している

これもすべての数式が、そういうわけではないのですが、多くの数式は変化量について言及しています。とくにある量の次の時刻において、「それがどのように変化するか」について述べている場合が多いのが特徴です。これを時間変化といいます。

これをうまく表現する数学の記号が微分です。具体的に登場したら、そこでまた説明します。

ポイント3：共通して登場する文字や、記号がある

多くの数式で登場する文字tはふつう、時間（time）を意味する文字として登場します。

しかしこれも物理学なのか数学なのか、あるいは分野によっても異なることなので一概にはいえません。本書では、できる限り同じ意味をもつ記号は統一して同じ表記にしてあります。小

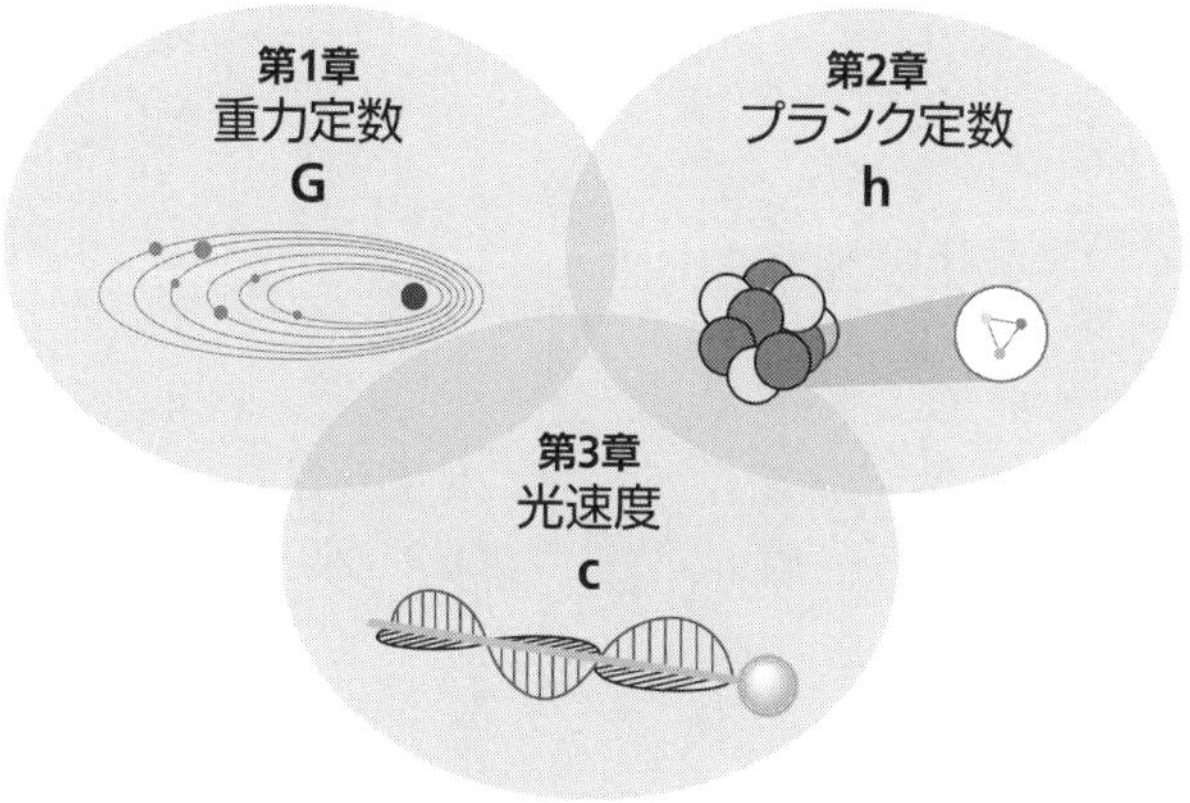

図0-1　物理定数

文字と大文字でも意味が異なります。たとえばTとした場合は、通常「温度」を表すことが多いです。また3次元の空間の方向には、x、y、zの文字を用いることが多いです。さらに物理定数といって特定の固有量を表している記号もあります。

よく使われる量として、

速度：v

加速度：a

があります。また後々、頻繁に登場する物理定数をご紹介しておきます（図0－1）。

重力定数あるいは万有引力定数：G

プランク定数：h

光速度：c

です。

ポイント４：同じ数式の名前でも、違う形や違うバージョンがある

数学を知っている方なら、イコールをまたいで左辺から右辺へ一部の項《こう》を移動できることもご存じだと思います。その場合、項の頭についているプラスをマイナスに、符号を変えるだけです。またたとえばある項は、その部分だけ別の表現で置き換えたり、ときには近似といってある部分を無視したり変形したりもします。

このような移動や近似によって、数式はたとえ同じ名前であっても、全く異なる形で表現されることも多いのです。つまり本書で登場する数式がもっとも一般的な形である保証は必ずしもなく、使う研究者によって、どのバージョンを用いるかも異なっていることに注意してください。

本書のメインで表記した数式は、暗記することを前提に考えているため、一番シンプルにまとまっているものを極力選ぶようにしてあります。

私たちの世界は、４つの力でできている

自然界の森羅万象は、現在のところ基本的な４つの力ですべて記述できると考えられています。それは、強い力、弱い力、電磁気力、さらに重力の４つです。この中で重力以外の３つの力は、あとで２章の「標準理論の数式」でみるように非常に似たような形にまとめられており、

まとめて素粒子力ということができます。いずれもその力を媒介させる、素粒子があるからです。

強い力では、グルーオン、弱い力では、WボソンとZボソン、さらに電磁気力では、光子です。重力もそのように「重力子」なるものを想定することもできますが、このような形で重力の理論がまとめられないというのが、現代物理学の最大の課題です。

それは、４つのすべての力を統一的に扱うことが、究極的な「万物の理論」であると考えているからです。その候補として、「超弦理論」や「ループ量子重力理論」という統一候補が存在しますが、いまだにどちらも決定打とはなっていません。これがもし完成すれば、ある意味物理学は究極の到達点に行き着きます。たとえば、ブラックホールの内部、ビッグバン宇宙のはじめといった、現代の物理では未開となっている高エネルギー領域での確実な理論予言ができるようになると期待されています。

すべての力の統一的で究極的な形がわかれば、おのずと万物の現象をすべて予言できる支配的な数式が誕生するわけです。

ここで簡単に４つの力を紹介しましょう。

まず強い力は、クォークと呼ばれる素粒子に働くものです。クォークは、３つ集まって、陽子や中性子と呼ばれる原子の核を形成しています。水素原子を例にすると、電子が1つまわっていて、その中心に原子核というさらに小さい塊があります。水素では、これが陽子という電荷+1のものだけで、これと外側をまわる電荷-1の電子が釣り合っています。この陽子をさらに分解すると、登場するのが3つのクォークたちです。

周期表の順番でいくと、次にヘリウムという原子が登場します。今度は、電子が2個で、原子核も電荷が+2になります。この内訳は、陽子2個と中性子という電荷がないものが2つの、合計4つの粒子です。この中性子も分解すると、3つのクォークから形成されています。

陽子と中性子は非常に性質が似ている部分がある一方、わずかに異なります。それはこれらが同様に3つのクォークでできており、クォークの種類が異なるためです。詳しくは省きますが、この3つのクォークを近づけて固めている力、それが強い力です。

一方、弱い力は、陽子と中性子の入れ替わりのような現象で生じます。それは中性子の崩壊という、いわゆる放射能が出る現象です。ベータ崩壊と呼ばれることもあります。中性子は単独では、10分程度で陽子に変わり、その過程で、電子とニュートリノ（正確には、反電子ニュートリノ）を放出します。電子ビームのことをベータ線とも呼び、これも放射線の一種です。この崩壊現象の際に生じるのが、弱い力です。単独では、すぐに崩壊してしまう中性子が、陽子と共存することで、強い力、弱い力、さらには電磁気力とバランスをとって、ヘリウムの原

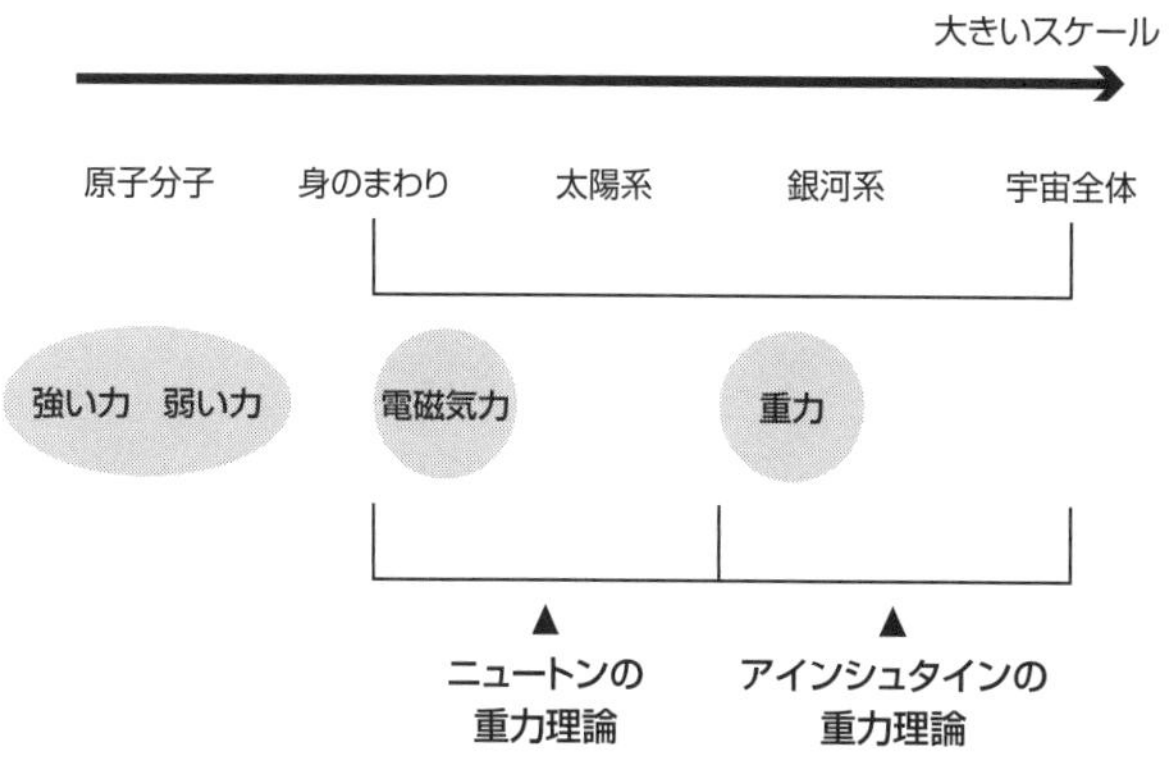

図0-2　スケールで見る自然界4つの力

子核のように安定して存在することができます。
電磁気力、重力は、もっとも馴染みがある力ではないでしょうか。電気や磁気に関する力はすべて電磁気力であり、その正体は電磁波という光です。重力は物が落ちる原因、地球の引力を表す力です。

本書の１〜３章で対応させると、強い力と弱い力が２章で、電磁気力は３章の電磁気学、さらに重力が１章で登場します。これらを４つの力として、２章の最初に「標準理論の数式」として現代的にまとめた最終形態をご紹介します。

素粒子から宇宙までのスケール

これはあまり厳密ではありませんが、これら４つの力の理論をスケールでまとめることができます（図０－２）。

重力は、すべての物質に働くため非常に広範囲にあるのですが、アインシュタインの重力理論とニュートンの重力理論という2つで大雑把にテリトリーが異なります。銀河系を超えたスケールが前者で、それより小さく地球近傍《きんぼう》までのスケールが後者であり、それぞれの理論が重要となるスケールの住み分けになっています。身のまわりのスケールでは、重力のほかに電磁気力が支配的になります。

多くの日常で登場する現象は、この2つの力の組み合わせで現れているといえます。さらに私たちの身体をつくる細胞まで小さいスケールにいき、その細胞やDNAといった遺伝子を形成する分子構造、さらに原子までいくと、量子力学の扱う強い力と弱い力の2つが重要となってきます。

クォークは、現在ある中で究極的に小さい粒子だと考えられているので、このスケールがある意味ひとつの限界です。つまりこういった原子分子といったミクロなスケールから、宇宙全体といったマクロなスケールにおよぶ幅広い法則が、すべてこの4つの力の理論には含まれているのです。

数式の家系図

3つの章に登場する代表的な数式たちが、どのような関係にあるのかを数式の家系図に表しました。小さめの文字で書かれている数式は、それらと関係する仲間のような対応になっています（図0－3）。

ある数式に別の要素が加わり、新しい数式へと昇華していく様子が書かれています。どれも最終的には、2章の冒頭にある「標準理論の数式」に集約されていく道をたどっています。

まず重力のほうは、アインシュタイン方程式をスタートにすると、その弱い重力に対応したものが、ニュートンの運動方程式（正確にはポアソン方程式）になります。これはさきほどのスケールの違いで説明しました。

さらにアインシュタイン方程式は、時空を個別に選ぶことで形を変えます。宇宙全体を選ぶとフリードマン方程式、ブラックホールを選ぶとシュワルツシルト解、さらに時空の歪みを選ぶと、重力波の波動方程式になります。またアインシュタインの重力理論は、力が働かない場合や光速度に近い場合に、特殊相対性理論に姿を変えます。最終的に、アインシュタイン方程式に近年発見された宇宙定数（1章で詳述）が加わることで、標準理論の数式としてまとまります。

一方、量子力学の2つの力である強い力と弱い力は、もともとプランク定数（2章で詳述）からはじまります。これによって、光が光子という粒でできていることを見出します。さらにここに不確定性原理、ド・ブロイの式が骨組みとなって、シュレディンガー方程式が量子論の

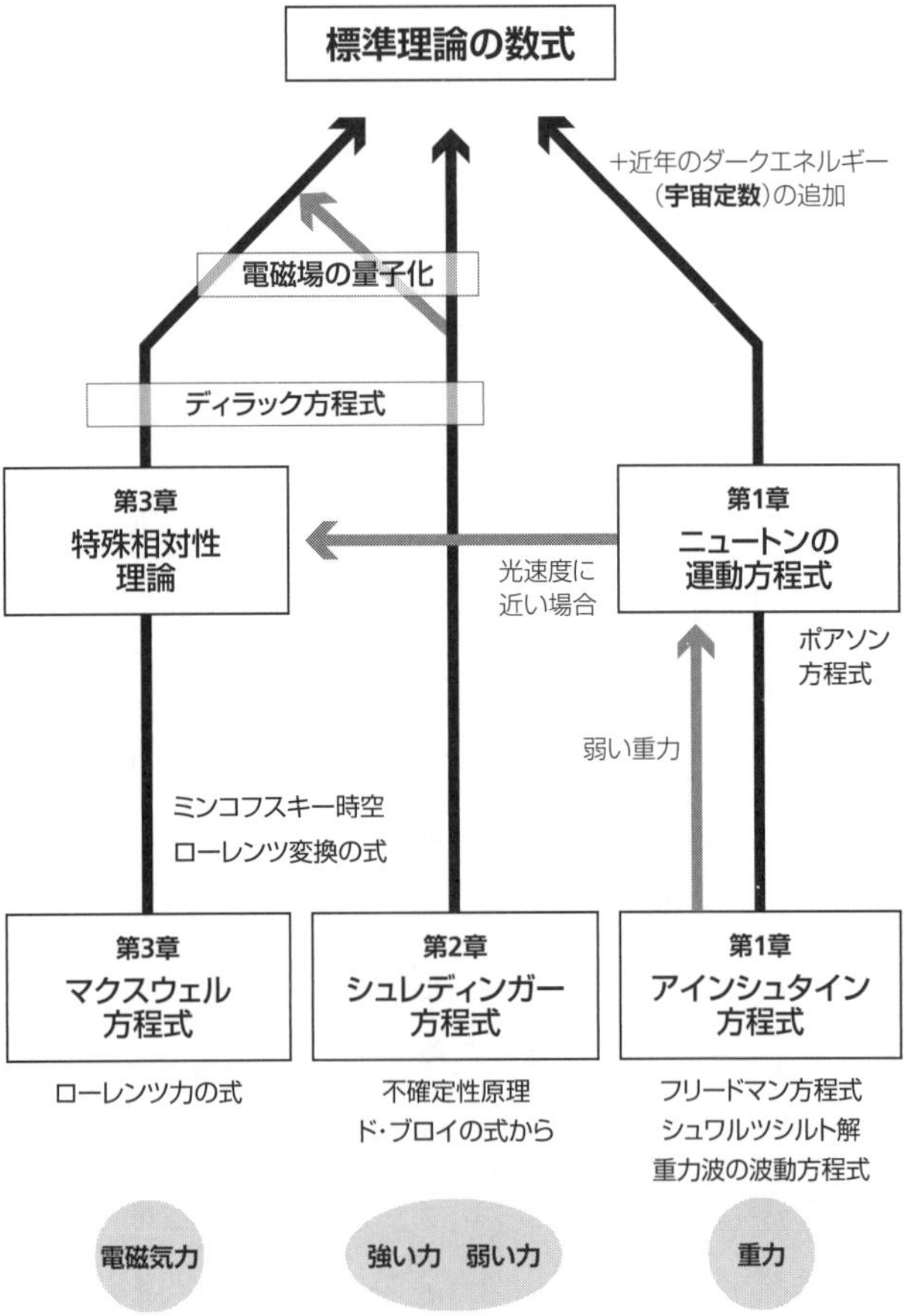
標準理論の数式
+近年のダークエネルギー
(宇宙定数)の追加
電磁場の量子化
ディラック方程式
第3章
特殊相対性
理論
第1章
ニュートンの
運動方程式
光速度に
近い場合
ポアソン
方程式
弱い重力
ミンコフスキー時空
ローレンツ変換の式
第3章
マクスウェル
方程式
第2章
シュレディンガー
方程式
第1章
アインシュタイン
方程式
ローレンツ力の式
不確定性原理
ド・ブロイの式から
フリードマン方程式
シュワルツシルト解
重力波の波動方程式
電磁気力
強い力　弱い力
重力

図0-3　数式の家系図

扉を開きます。これが相対論の力を借りて発展していくと、ディラック方程式になります。そして最終的に標準理論の数式として完成されます。これを場の量子論ともいい、この形で標準理論の数式にまとまります。

3章の電磁気学は、一番長い道のりになっています。まずマクスウェル方程式で古典電磁気学が完成します。そのあと、3章の特殊相対性理論を足掛かりに発展していきます。特殊相対性理論は、マクスウェル方程式をきっかけに、ミンコフスキー時空、ローレンツ変換の式を骨組みにして完成しました。

古典電磁気学は相対論化、さらに2章の量子化という2段階の進化をしていき、ようやく頂上にたどり着きます。矢印が2章から横道に伸びているのは、そういった理由です。

本書を何度か読んでもらえると、これらの関係が何をいっていたか、より明確にイメージできるかもしれません。

第1章

宇宙の数式

神様がこの宇宙を創造し支配しているとすれば、数式とは、森羅万象をもっとも正確に記述することができる、まさに「神様の言語」といえます。

人類がいかに優れた知性をもっていたとしても、この先、それら数式を完全な形で1つの数式にまとめ上げることはできないでしょう。本書で登場する数式もそれぞれさまざまな現象を記述できる圧倒的な力をもっていますが、1つが表現できるのは、自然現象のあくまで一部だけです。科学者は、完全なる真理を求めてそれをできるだけ人類の言葉として抽出し、結実させようとした結果、最終的に数式という形にたどり着きました。

それは、自然現象を完璧に記述するものではなく、ある部分を「簡単にして表現している」ことになります。この章では、ニュートンの重力理論とアインシュタインの重力理論という2つの重力という力学に関する理論が登場します。

どちらも宇宙を記述しているもので、ある領域では完璧に正しいものですが、この世の力学すべてを片方の数式だけでとらえることはできません。通常の地球上での力学がニュートン力学だとすると、高密度や強重力、あるいは銀河スケールを超えた宇宙全体といったものを扱う場合がアインシュタインの力学に対応しています。

両者には扱える領域の住み分けがあります。数式には、それぞれ扱うことが許される領域や、支配できるテリトリーのようなものが存在しています。どちらもそれぞれの領域では正しいのですが、前述の通り1つで全体すべてを語ることはできません。一方で両者は、どこかで一致していないと、理論体系として成立しません。

自然現象全体を記述する神の数式があるとするならば、本書で登場する数式はどれも非常に大きな1ピースですが、それでも全体から見るとあくまで1ピースにすぎないということを覚えておいてもらえるとうれしいです。

ここで簡単に数式アイドルとして、宇宙を支配する数式のイメージを筆者の主観で列記してみましょう。まずこのグループのアイドルの大きな特徴は、「スケールの大きな逸材ぞろい」という点です。

イメージでいうと、かわいい系・子犬系よりも、常人離れした小顔やモデル並みの長身スタイルといったところでしょうか。それはアインシュタインの理論にみるように、1つの数式で、天体から銀河、宇宙までと幅広くカバーしている点を表しています。アイドルグループ脱退後は、俳優へのステップを見出すものや、歌手といった多才な活動をしていく姿が想像できます。でも、ちょっぴりミステリアスなアイドルたち、それが宇宙の数式たちの魅力です。

アインシュタインの重力理論

銀河スケールを超え宇宙全体におよぶ、巨大な宇宙観

まずは宇宙を支配する方程式として有名なアインシュタイン方程式です。別名は一般相対性理論とも呼ばれる、アインシュタインの重力理論の根幹を成す数式です。

天才科学者と聞くと真っ先に思い浮かべる名前が彼ではないでしょうか。その代表作ともいえる彼の数式がこれです。アインシュタインの名前が今日《こんにち》数式の固有名詞となっているものはいくつかあり、アインシュタインの等価式や、アインシュタインの関係式などがあります。また周期表では元素にも名を連ねています。

ただし、実に不思議なことにアインシュタインの名前がつく物理定数は存在しません。これは宇宙定数という名前で今日に残されていますが、その話はあとでまた触れましょう。

1
宇宙すべての支配者
アインシュタイン方程式

数式

$$G_{\mu\nu} = \frac{8\pi G}{c^4} T_{\mu\nu}$$

読み方

Gミューニュー　イコール

c4乗分の8パイ G　Tミューニュー

なぞってみよう

$$G_{\mu\nu} = \frac{8\pi G}{c^4} T_{\mu\nu}$$

宇宙という舞台を設定する数式

右辺の$T_{\mu\nu}$に入る「宇宙に存在する物質のエネルギー」の量によって、左辺の$G_{\mu\nu}$「宇宙の構造」が決まるということです。宇宙といっても惑星やブラックホールなど場所や状態によってさまざまです。それらを設定してあげる方程式となります。左辺と右辺にある量はシーソーのようなイメージで両者でバランスをとっています。

そして物理定数G（万有引力定数）、c（光速度）などがこのシーソーに加わり全体でバランスを保つようになっているのです。これは序章の「数式世界の歩き方」のポイント1でもお話しした左右のバランスを意味しています。たとえば物理定数が少しでも違う値だと、新しいバランスになり、違う宇宙が実現することになります。

また、この$G_{\mu\nu}$のような形をテンソルと呼び、$\mu\nu$の部分には、時間「t」と空間を表す「x、y、z」の4つの文字のうち2つが入ってきます。これら時間と3次元の空間をあわせたものを「時空」と呼び、テンソルによってどのような時空かを示します。つまり、$G_{\mu\nu}$のような形だけで全部で4×4通りも異なる意味をもっている記号だといえます。英語の「have」という言葉が、日本語で「もつ、食べる、飲む」などの、いくつも異なる意味をもっているようなものです。

それら16個を成分と呼んで、ひとまとまりの行列として表現したものがテンソルです。とにかく、見た目にはシンプルでも、16個もの別々の意味をひとまとめにしているというのは、ちょっと騙されたような気がしますよね。単に「シンプルな説明書」と書かれていても、その中身は数十ページにもおよぶ注釈だらけといった感じです。こういった各成分を取り出すと、アインシュタイン方程式はそのシンプルな見た目とは裏腹に、数本の方程式がお互い絡み合う、複雑な形状になります。そのため、解くことがもっとも困難な方程式としても知られています。「数式を解く」とは、それを「満たす答え＝解《かい》というものを見つける」ことをいいます。現在は、単純な場合を除いて、アインシュタイン方程式の解を見つける場合にはコンピュータを用いて数値的に解くことがほとんどです。

　解にもいくつか種類があり、完全に数式で表現することができる解析解というものや、単にある数値として表現されている数値解などがあります。解析解がすごいのは、あらゆる場合に対応した数値を即座に予言できる点です。

　それに対して数値解では、ある条件で与えた数値に対してのみ、結果となる数値が求まる仕組みなので、その都度大変な計算をしないといけません。それでも次の時刻にどれほど変化するかを数値的にでも求められれば、成果としては十分な場合が多いのです。

　これが実現できるようになったのは、やはり計算科学というコンピュータによる計算技術の

図1-1-1　方程式には2種類ある!

進歩が大きいといえます。アインシュタインの時代には、ほとんどが紙の上での手計算が主流だったので、アインシュタイン方程式の解は、あとで紹介するシュワルツシルト解などごく限られたものだけでした。それほど解くのが困難な難敵だったのです。

方程式には2種類ある!

力学体系の方程式は、実は2つの式の組み合わせで成り立っています。

それが場の方程式と、運動方程式です（図1－1－1）。

たとえば、重力による物体の運動を考えてみましょう。この場合の運動方程式は、重力によって物体がどのように動くかを示しています。

しかしこの重力自体がどのように生成されたか

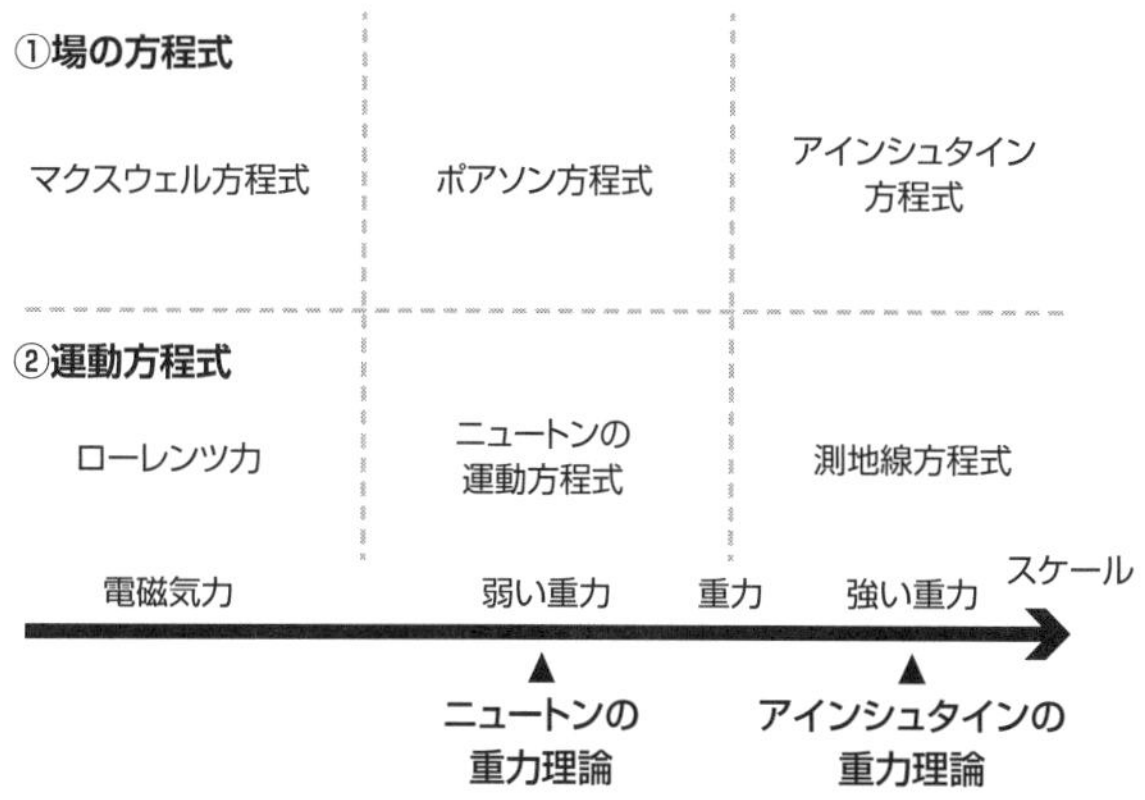

＊量子力学は、この①②の式が一体となっていくイメージなので除外してある

図1-1-2　全体の外観

については、一切触れていません。これを示すものを「場の方程式」といいます。これが力学体系で欠かすことができない2本目の重要な式です。

演劇を思い浮かべてください。ある舞台装置が用意され、そこで演者が演じます。この舞台で演じる部分が、「運動方程式」で、舞台をどのように用意するかが、「場の方程式」になっています。つまり「舞台」が「場」のようなものです。

アインシュタイン方程式は、重力の場の方程式に対応しています。その舞台の上で、演者がどのようにふるまうかを決めているのが、あとで登場する「測地線方程式」です。この大雑把な種類の違いを理解すると、各数式の対応がよりはっきりと理解できます（図1－1－2）。

さて、テンソルにはさきほどもいったように16成分もあるので、当然異なった見かけのものがいくつもあります。そしてこの方程式の最大の特徴は、「時空」を設定しないと何もいえないということです。「一般相対性」を謳っているように、この数式自体は、時空の設定をしないと何も各論が語れない一般論でしかありません。時空としては、たとえば「宇宙全体」なのか、「ブラックホール」という1つの天体なのか、それを指定しないとはじまらないのです。

ここでは宇宙全体に対応させた場合に話を限りましょう。詳しくは次のフリードマン方程式で解説します。この場合、宇宙という器自体が、その内部に存在する物質のエネルギーによって変化します。コーヒーカップでたとえると、硬いマグカップも内部のコーヒーなどによって、ぐにゃぐにゃと変化することをイメージしてもらえればいいです。

この方程式を導いたアインシュタインも、さっそく宇宙の進化を調べようとして、この宇宙全体を時空に選んで挑戦します。すると、内部に通常の物質があると、必ずその影響で宇宙が絶えず変化してしまうことに気がつきます。この時点では、ビッグバン理論といった膨張宇宙は奇想天外な発想であり、あのアインシュタインでさえ、その思想に至ることはありませんでした。

むしろ、「宇宙は静止しているはずである」という強い信念から、宇宙定数なるものを方程式に導入します。しかし彼の生きているうちに膨張宇宙の証拠が見つかり、これは完全な間違いであったとして、彼はこの導入を人生最大の過ちと嘆くのです。

ところが宇宙はさらに一歩、奇想天外で面白いのです。近年この宇宙定数が実在する観測的事実が見つかり、再度復活を遂げるのです。この成果により、２０１１年にノーベル物理学賞がアメリカの研究者らに贈られました。アインシュタイン方程式が論文として発表されたのが１９１５年であるので、およそ１００年後に人類の叡智として再注目されることになるとは、彼も夢にも思わなかったことでしょう。

数学のフェルマーの最終定理のように、とりあえずどこかに突拍子もない定理や予言を残しておけば、百に一つ、１００年後には本当に実在することになるのかと思うと、ワクワクしますね。

自然界とは１人の人生など遥かに超越した、実にスパンの長い伏線回収を行ってくれます。この宇宙定数は、歴史的経緯からも、本来であれば「アインシュタイン定数」と呼んでもかまわなそうな存在です。しかしこの名前で呼ばれることは、ほぼありません。実は、アインシュタインの名前のついた物理定数が、１つもないことも考えてみると少し不思議です。多くの学者の名前が、物理定数に刻まれているというのに。

これは個人的な主観だと断って少しだけ補足してみます。学者のイニシャルがよく物理定数の記号としても使われている場合が多いので、アインシュタインならさしずめEとなる可能性

$$G_{\mu\nu} + \Lambda g_{\mu\nu} = \frac{8\pi G}{c^4} T_{\mu\nu}$$

宇宙定数

図1-1-3　宇宙定数を加えたバージョン

が高いでしょう。その場合、物理ではすでにEがエネルギーを表す量として使われているので、大文字のEをつけた物理定数はきっと認知されにくいのではと思ってしまいます。私としては、ぜひ宇宙定数が確定した暁《あかつき》には、アインシュタイン定数と命名してもらいたいと願っています。

だいぶ脱線しましたが、この宇宙定数Λ（ラムダと読む）を加えた、この数式の異なる形をご紹介しておきます（図1－1－3）。

宇宙を解き明かす入り口

この数式の魅力を一言でいうなら、実はこの形のままでは都合がよくありません。もっともよく魅力を語るためには、この方程式、本来の姿ともいうべき「ラグランジアン」の形に戻す必要があります。これは物理用語で、力学などの「運動方程式のもとになる量」を指します。

なぞってもらった数式が客に出せる料理だとするならば、ラグランジアンはいわば料理のレシピに対応するものです。身体に対するDNAのようなイメージです。この形が原型であり、それを変分という一種の微分を行うことで、なぞってもらった数式が出現する仕組みになっています。

そこから導かれる一般相対性理論は、広い意味ですべての重力現象を記述している存在であり、私たちが地球に立っていることも、月が地球のまわりを公転運動することも、これらさまざまな異なる現象をいくつも語ることができるのです。

これまで見たように宇宙における進化、たとえば銀河がどのようにしてできたか、あるいは宇宙の膨張がどのように変化してきたかといったことを解明する上で、アインシュタイン方程式は必須の式であるといってきました。さらにあとで見るように、時空をブラックホールとして選べば、強重力天体についても多くの情報を明らかにすることができます。

しかし、それが私たちの日常に直結して、いったい何の役に立つのかと現実的な質問をされると、しばし沈黙してしまうのも事実です。もちろん、遠い先の未来において、文明の発展という立場から見れば、こういった宇宙の解明や天文学の発展がどこかで私たちの日常に役立つ日がくることもあると思います。それはまだ誰も予想できないだけです。

一方で、宇宙を離れて身のまわりを見ると、この数式は意外なところで役立っています。代表的なものは携帯電話についている「ＧＰＳ」という機能です。これは地球をまわる衛星から光の信号を送って、位置を特定する技術です。もしもこのアインシュタイン方程式がなければ、この光の信号の位置の誤差は、カーナビでおよそ1日あたり約11㎞にもおよびます。重力により光の到着時刻が変わるため、正確にその補正を入れないとずれるからです。

これではカーナビとして機能しませんし、スマホの地図としても全く役に立ちません。新しい土地で、スマホを片手に迷わず目的地までたどり着けるのも、このアインシュタインの重力理論のおかげといえます。

今も天からアインシュタイン先生に見守られているようで、実に心強い気分ですね。

実は、アインシュタイン1人では発見できなかった？

アインシュタインの業績は、そのほとんどが天才1人が成し遂げたというイメージが強いですが、実はその成功の陰には、着想のタイミングにちょうど現れた数学者たちの存在がありました。

一般相対性理論は、あとで紹介する特殊相対性理論を発表した１９０５年からおよそ10年の歳月をかけて完成させたとてつもない大偉業です。しかしこれによるノーベル賞は受賞していません。全く人為的な選考による賞である気がしてなりません。これら歴史的な経緯は、科学史の専門家ではない私の文章なので、ひょっとしたら誤認している可能性もあります。あくまで参考程度に読んでください。

曲がった時空での重力を構想していたアインシュタインは、等価原理という彼の人生最良のアイデアが出発点となります。これは、落下運動をすると無重力状態となり、重力が見かけ上消えてしまうという現象で端的に説明することができます。

つまり、ある場合には重力が消せて、見かけ上、平坦な時空と一致することを見出します。この平坦な時空とは、さきほどの特殊相対性理論のことを指しており、ここで2つの理論が一致するというアイデアです。すでに完成されているピースを足掛かりに、重力も含めたより一般的な時空を扱う理論を構築しようと試みたのです。

アルバート・アインシュタイン
Credit : Ferdinand Schmutzer

アイデアはよかったのですが、具体的に理論を形にする作業において、道筋が見えませんでした。そんなタイミングで、グロスマンという知り合いの数学者から、リーマン幾何学の存在を知ります。

リーマンと検索すると真っ先に、サラリーマンの略や、リーマンショック（これはリーマン・ブラザーズという投資銀行が由来）が出てきますが、数学者のベルンハルト・リーマンのほうです。

彼の功績は実に多岐にわたり、このリーマン幾何学だけでなく、数学の懸賞がかかった未解決問題の1つであるリーマン予想も彼の偉大な仕事です。幾何学とは図形や空間そのものを扱う学問ですが、彼のリーマン幾何学は、アインシュタインがまさに扱いたかった、曲がった時空を数学的に扱う手法だったのです。

このように歴史的にみると、仮にアインシュタインがいなかったとしても、さらに数十年後には、このリーマン幾何学をもとに力学の理論体系へと発展させる人物が現れてもおかしくなかったのかもしれません。

それでも、そのベストタイミングで目新しい難解な数学に着目し、自分の理論に取り入れてしまう、彼の柔軟性と適応性には感服します。このリーマン幾何学を紹介したグロスマンでさえ、「あの数学は物理屋さんが立ち入るものじゃないよ」と、その難解さを揶揄《やゆ》したともいわれています。こういった数学者と物理学者の、発見のバトン渡しのようなドラマは、実は数式発見の舞台裏によく見受けられるのです。

最後にファンのみなさんへ一言

ミューニューの部分に宇宙の深みを感じてくれるとうれしいです！

2

宇宙全体のエネルギーを表す

フリードマン方程式

数式

$$H^2 = \frac{8\pi G}{3}\rho - \frac{Kc^2}{a^2} + \frac{\Lambda c^2}{3}$$

読み方

H 2乗 イコール　3分の8パイ G ロー

マイナス a 2乗分のK c 2乗 プラス

3分のラムダ c 2乗

なぞってみよう

$$H^2 = \frac{8\pi G}{3}\rho - \frac{Kc^2}{a^2} + \frac{\Lambda c^2}{3}$$

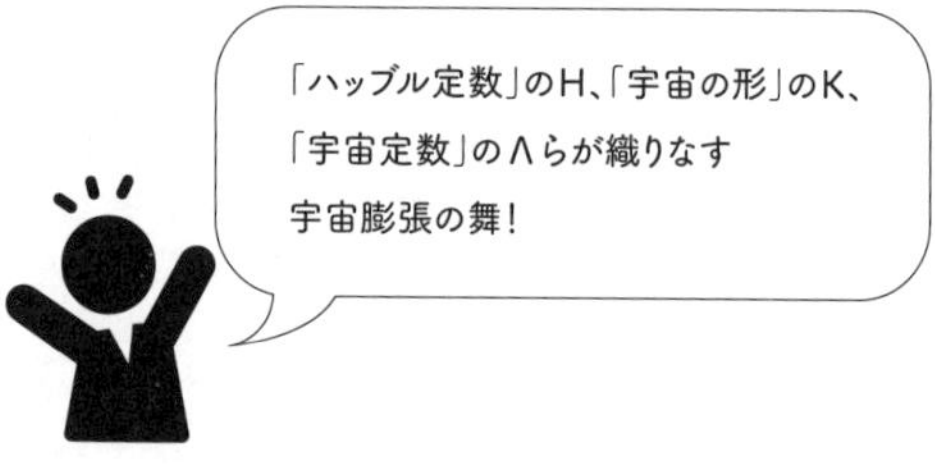

この式は、アインシュタイン方程式において、時空として「宇宙全体」を選んだ場合に出てくる方程式です。フリードマンとは、この方程式を発見したソ連の宇宙物理学者のアレクサンドル・フリードマンに由来しています。

フリードマン方程式は、「宇宙という器の運動＝内部の物質エネルギー」ということを表し、宇宙は静止などしていなくて膨張したり収縮したりしていると言っているのです。

Hはハッブル定数、あるいはハッブルパラメーターと呼ばれる量で、宇宙の膨張率を表します。宇宙の大きさをaとすると（注：ニュートンの運動方程式で登場する加速度aとかぶっていますが、ここでは別物です）、$H=\frac{da}{dt}/a$です。

微分登場！ 時間の微分

$\frac{da}{dt}$の部分、とうとう出てきました、微分です。微分とは何なのでしょうか？ ここでは時間の微分について簡単に説明したいと思います。日常でよく目にする速度を表す㎞／時、m／秒は、その時間に対する平均の速さを表しています。たとえば1秒で10m移動したとき、はじめの0・5秒で7m、後半の0・5秒で3m動いても速度は10m／秒となります。それに対して微分では、刻一刻と変わる「その瞬間の速さ」を表せるのです。

微分は本書ではdと書かれていたり、∂（ラウンド）で書かれていたりします。微分を意味する＝differential の頭文字だといわれています。

あるAの時間変化は、$\frac{da}{dt}$ あるいは $\frac{\partial a}{\partial t}$ と書きます。読み方は「ディーa（over）ディーt」です。あいだの over は、日本語の「分の」にあたる言葉ですが、微分の場合分数とは違うので、ふつう省略します。

「Aを時間tで微分する」という意味になります。時間微分は、速度に対応しています。ですから左辺は、「宇宙の膨張速度」に対応しています。つまりこの数式は「宇宙の膨張速度は、宇宙にある物質のエネルギー密度と、宇宙の形状と、宇宙定数によって決まる」ということを端的に述べています。

物質のエネルギー密度がρの部分です。

もちろん変化と呼ぶものの中には、時間微分ではなく、空間成分で微分するものもあります。空間微分は、曲線の傾きに対応しているものです。イメージでいうと、カーブを描く道の、刻一刻と変わる車の向きに対応しています。

宇宙はどんな物質でできているのか

宇宙には、大きく分けて、1．光　2．バリオン　3．ダークマター　4．ダークエネルギーという物質の4つのカテゴリーがあります。光以外、全く初耳という方も少なくないでしょう。

説明します。

まずバリオンですが、ざっくりいうと周期表という元素のカタログで表現されている物質の総称だと考えてもらえればＯＫです。私たちの身体も、机もビルも地球や太陽さえも、元素の状態まで分解すると、基本は同じバリオンでできた仲間といえます。つまりふつうの物質と言い換えても問題ありません。

それに対して、ダークマターは暗黒物質とも訳され、周期表にはのっていない未知の粒子でできているものです。その正体はまだ誰も知りませんが、宇宙に占めるエネルギーの正確な量だけはわかっています。宇宙全体では、ダークマター26％に対して、バリオンが5％程度なので、5倍以上もの物質が未知のものであるといえます。私たちの通常の物質は、宇宙ではきわめてマイノリティなのです。

いったい何のためにダークマターがあるかというと、星が大量に集まっている銀河などの構造をつくるために、宇宙がはじまった初期段階からその存在が必要だったといわれています。詳しくは、自著『宇宙人と出会う前に読む本』（講談社ブルーバックス）や『宇宙は何でできているのか』（村山斉著／幻冬舎新書）なども見ていただけると、より理解いただけるかと思います。ダークマターのダークは、「光と反応しない」ことを意味しており、通常は光がダークマターのまわりの重力により曲がる効果を利用した、重力レンズと呼ばれる手法でその存在を探査します。

最後のダークエネルギーに関しては、ほとんどの科学者が匙を投げている、全く正体不明のエネルギーという意味のダークです。これは、あとで紹介する宇宙定数と大いに関係しています。多くの宇宙論研究者は、新しい観測結果が出ない現段階では、このダークエネルギーはおそらく宇宙定数ではないかと信じているのではないでしょうか。

しかし、宇宙定数と仮に確定したとしても、依然として解けないミステリーが山積みなのがこのダークエネルギーなのです。

宇宙はどんな形をしているのか

宇宙には形状というものがあります。数式のKの部分です。

宇宙の形状は3タイプであり、K＝0（平坦型）、K＝1（球型）、K＝-1（鞍《くら》型）に対応しています（図1－2－1）。広大な宇宙を平均して見てみると、特別な点が存在しない（小さな範囲で見れば、地球があったり銀河があったりと全く同じではありませんが）という考えを「一様等方」といい、ほとんどの理論がこの仮定の上に成り立っています。そう考えるとこの3つの形しか許されません。

ただし、ここでいう球体とは、ふつうにイメージする球体とは違います。私たちが通常イメージする球は、数学的には3次元球で、その表面のことを2次元球面といいます。ここでは3

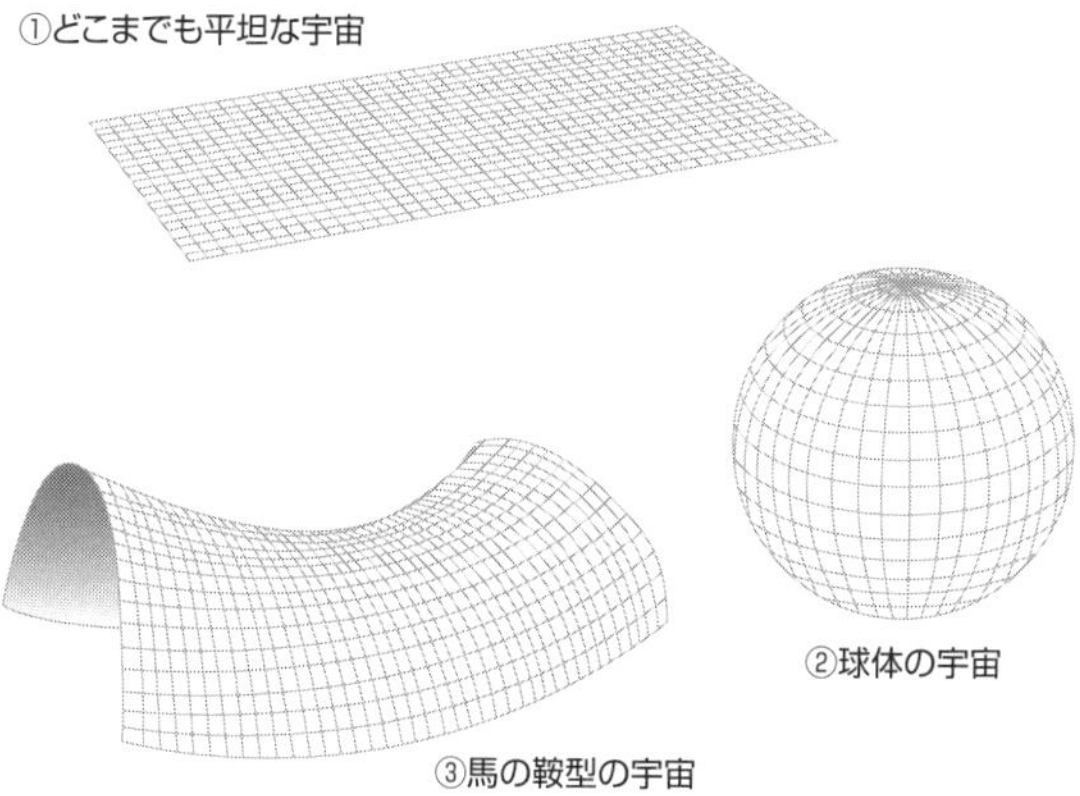

図1-2-1　宇宙の形状

次元の分類なので、この球の内部に物質がつまっているわけではありません。ふつうには想像できない4次元空間にある3次元球面であることに注意してください。

宇宙は現在の観測範囲では、実は、平坦である（K＝0）が、もっとも支持されています。つまり空間的に永遠にどこまでも広がっているもので、宇宙は「地球が実は球でした」というように、球型にはなっていないようです。

この方程式を満たすように宇宙は進化していきます。まさに「宇宙の法則」そのものといえます。宇宙は常に静止していると信じ込んでいたアインシュタインは、最初はただの机上の空論だと思っていたようです。しかし一般相対性理論の発見の数年後、ハッブルが実際の銀河が後退している速度を観測したことで、「膨張する宇宙」こそが、真の姿であることがわかります。

あの天才に、人生最大の羞恥心を与えた決定打となる数式といえますね。もし鬼ならこのお札をかざすと恥ずかしさで一目散に退散すること間違いなしでしょう。積分を使いこなせる高校生以上なら、この数式を解くことも可能です。それによって宇宙の膨張がどのように時間変化するかを求めることができます。

ハッブル定数は、逆数をとると、ざっくりとそのときの宇宙の年齢を表します。現在はビッグバンからおよそ１３８億年がたっている宇宙ですが、その年齢を求める際もこの方程式が役立ちます。これは少しマニアックな意見ですが、この数式の左辺がＨの２乗になっていることも深い意味をもっていると私は思います。それはもし宇宙が膨張ならＨが正で、収縮ならばＨは負の値になります。

しかし、数式はＨの符号を決めていません。２乗となっているので、どちらの場合も含まれてしまうのです。みなさんは宇宙がビッグバンという火の玉宇宙から急激に膨張してきたということをなんとなく、耳にしたことがあると思います。この数式で許されることがすべて現実に存在する宇宙だとすると、収縮する宇宙もあり得てしまうことを意味しているかもしれません。

それはさておき少なくとも数式は、宇宙が「膨張からはじまるか、収縮からはじまるか、ど

$$\frac{\ddot{a}}{a} = -\frac{4\pi G}{3c^2}\left(\rho c^2 + 3P\right) + \frac{\Lambda c^2}{3}$$

宇宙の加速率

物質が宇宙を減速膨張させることを表す

ダークエネルギーが宇宙を加速膨張させることを表す

図1-2-2　レイチャウデューリ方程式

ちらの場合もあり得ます」と語っているのです。私たちのまだ知らない別の宇宙があり、そこでは当然のように収縮宇宙となっている、そんな世界がどこかにあるのかもしれませんね。

加速しながら膨張している！

さて、このフリードマン方程式と似たような宇宙膨張を表す数式として、レイチャウデューリ方程式があります（図1－2－2）。すごい名前ですが、インドの物理学者の名前です。

フリードマン方程式では宇宙の速度を表していたのに対し、レイチャウデューリ方程式ではその加速度を表しています。

もともとアインシュタイン方程式からこの2本が独立した形として出てくるので、2本をまとめてフリードマン方程式という人もいます。この数式では、新たに物質の圧力Pが登場します。物質のエネルギー密度ρとあわせて、この2つの関係が物質の4つのカテゴリーを区別しています。圧力とは、その物体を縮めたときに反発してくる力です。

　たとえばふつうの物質であるバリオンは、P＝0に対して、光は$P=\frac{1}{3}\rho c^2$となっています。宇宙において、バリオンは外へ圧力をほとんどおよぼしませんが、光は外へ圧力を与えます。ふつう、物質のほうが光よりも硬いイメージがあると思うので、この結果は逆のように聞こえます。しかし現実の光は、この世における最高速度をもち常に外へ広がろうとするため、外への圧力をおよぼすと理解するといいかもしれません。

　左辺の数式に出てくる点が2つあるのは、2階微分を意味します。単に、2回微分操作をするという意味です。これにより最初のフリードマン方程式と違い、「宇宙の加速度」を表しているのです。通常、ビッグバン宇宙は膨張しますが、その速度は時間とともに徐々に遅くなっていきます。最初が急激な膨張ですが、時間がたつにつれ、ゆっくりと膨張していきます。正体が未知なダークマターでさえ、同じです。それは右辺の第1項が必ず負になることからもわかります。加速度がマイナスだと、減速膨張、プラスだと加速膨張といいます。つまり宇宙にある物質は、どれも宇宙を減速膨張させます。

　しかし右辺第2項にある宇宙定数Λ（ラムダ）はダークエネルギーを表しており、数式に全く異なる影響を与えます。右辺の第2項がプラスとなっているように、常に正の宇宙定数は、

図1-2-3　宇宙膨張には3つの時代

加速膨張を促します。実は現在の宇宙は、このダークエネルギーが全宇宙のエネルギーの約７割を占めており、加速膨張宇宙になっています。ふつうは減速していく膨張が、なんと加速しているというのです。１９９８年にこの事実が観測され、２０１１年のノーベル賞に輝きました。

今からおよそ40億年前に宇宙は、このダークエネルギーが支配する加速膨張時代に突入したと見積もられています（図１－２－３）。地球ができたのがおよそ46億年前といわれているので、その直後あたりから宇宙の雲行きはあやしくなり、ダーク世界へと変貌していったのです。

レイチャウデューリ方程式は、そんなダークエネルギーの異常な性質を端的に物語っているのです。

これらの数式の魅力を一言でいうなら、やはり宇宙の膨張則をこれほどシンプルに、かつその効果を雄弁に語っている点でしょうか。まさに宇宙の法則そのものだといえます。マグカップである宇宙という器と、その中の物質たちとのバランスを示しています。とくにレイチャウデューリ方程式は、「現在の加速膨張宇宙の支配者は、宇宙定数Λだ！」と高らかに叫んでいるのです。

この数式は、純粋に宇宙の膨張に関するものです。なぜ地球の近傍にあげた衛星で宇宙を見まわしただけで、このように宇宙全体の情報がわかってしまうのかと不思議に思います。宇宙全体にどんな物質があるか、あるいは宇宙の膨張率がいくらかといったことです。

宇宙から見たらこれほどちっぽけな存在である私たちが、知識をもち、ある程度の観測技術をもつことによって宇宙全体を知り得るという事実には、改めて驚かされます。そんな宇宙という大きな存在と、宇宙の片隅にいるあなたをつなぐ巨大なスケールの架け橋が、この数式の魅力なのです。小さい悩みなんて、このスケールにいったら吹き飛んでしまうかもしれませんよ！

アインシュタインが認めたくなかった宇宙の形

一般相対性理論が発表されて7年後の１９２２年、フリードマン博士がこの膨張宇宙の解を発表します。出た直後は、自分の信念と相いれなかったアインシュタインの話はすでにしましたね。その後、１９２４年に論文「負の曲率をもつ宇宙」で、彼は３つの宇宙の形状についてもまとめて発表します。

宇宙の形状については、これまで現在の観測では平坦ということをお話ししてきました。しかし、当時は平坦ではなく球型である宇宙のほうが人気がありました。それは地球が平坦ではなく、球体であったこととの先入観が宇宙にも働いていたとみることもできますが、本当のところ今となってはわかりません。

実際に、宇宙が膨張していることが事実として決定的となったのは、ハッブル－ルメートルの法則で名高いエドウィン・ハッブル博士が、１９２９年に銀河観測で明らかにしたことです。しかし、実はこのとき、すでにビッグバン宇宙の先駆けともいうべきフリードマンはこの世にいません。彼は１９２５年に37歳という若さで、腸チフスによって非業の死を遂げていたからです。

自分が見つけた宇宙の真の姿を、この目で見ることなく死んでいった彼の無念さは、後世の人でないとわかりませんね。

時空の解のことを物理用語で「メトリック」ともいい、この膨張宇宙の解は、正確にはＦＬＲＷメトリックと呼ばれています。この頭文字４つはなんと関係している４人の人物名で、読み方は「フリードマン・ルメートル・ロバートソン・ウォーカーメトリック」が正式名称です。

長すぎます！

1924年のフリードマン論文発表と同時期に、アメリカ人のロバートソンとイギリス人のウォーカーもこのメトリックを発見していたためです。さらに1927年に、ベルギー人のルメートルという人が宇宙の膨張率の推定値を出し、このメトリックに貢献します。それでこれら4人に敬意を払ってということのようです。

このルメートルという人物、実はカトリック教会の神学校に進んでおり、司祭としての仕事の傍ら、一般相対性理論を独学でマスターしたということです。在学中は第一次世界大戦ともかぶり、戦争にも従軍しています。

昔の人は、いかなる過酷な状況でも、すごい人はすごいことを自力で成し遂げていたんだと、感銘を受けるほどです。その好奇心やバイタリティはどこからくるのか、本当に気になります。また神学という宗教と、科学の両立というのも気になります。当時は、本当に宇宙を知ることそのものが、神を知ることにつながっていたのかもしれません。

彼以外にも、宗教を熱心に信じていた科学者は、有名なところでは、パスツール、ファーブル、ニュートンなど列記するときりがないほどです。とくにニュートンは、キリスト教の秘密結社である「シオン修道会」の会員であったという半ば都市伝説のようなものまであります。

ベルギーで私が講演したとき、この宇宙メトリックの名前を、ＦＲＷメトリックと表記して怒られた思い出があります。母国の科学者であるルメートルを抜かしてしまっていたためです。しかし今でもこのメトリックをＦＬＲＷではなく、ＦＲＷと略していることが多く、国の国際的な影響力が反映されているようで、実に政治的な背景を感じてしまいます。

最後にファンのみなさんへ一言

これぞ、正真正銘、宇宙の法であるぞ～！　小さい悩みなんて吹き飛ばしちゃえ～

3
ブラックホールを予言した
シュワルツシルト解

数式

$$ds^2 = -\left(1 - \frac{r_s}{r}\right)c^2dt^2 + \left(1 - \frac{r_s}{r}\right)^{-1}dr^2 + r^2d\Omega^2$$

読み方

ds2乗　イコール　マイナス 1マイナスr分のrs c 2乗
dt 2乗　プラス 1マイナスr分のrs の
マイナス1乗 dr2乗　プラスr2乗dオメガ2乗

なぞってみよう

$$ds^2 = -\left(1 - \frac{r_s}{r}\right)c^2dt^2 + \left(1 - \frac{r_s}{r}\right)^{-1}dr^2 + r^2d\Omega^2$$

読むとめちゃくちゃ長いですね。この中でr_sに注意を払ってください！　そこにブラックホールの地平線があります。うっかり吸い込まれないように。

三平方の定理と同じ仕組み

この数式は、ブラックホールを予測したことで有名なものです。シュワルツシルトメトリックともいいます。メトリックは数式では ds^2 と書きます。これは簡単にいうと、中学生のときに習ったピタゴラスの定理の形に似ています。三平方の定理と呼ばれるものです。

ピタゴラスの定理は、$C^2 = A^2 + B^2$ という形で、直角三角形の斜辺Cがほかの2辺A、Bとどのような関係にあるかを示す式です（歴史的には、紀元前6世紀のピタゴラスよりもバビロニア人のほうが、千年以上前にすでにこの定理を発見していたようですが、それは置いておきます）。

これを時空間での距離に置き換えたのがこの式です。よく見ると、ピタゴラスの定理と同じように、すべての項が2乗されていることがわかります。相対性理論では、時間も加えた4次元時空を扱います。つまり立体の距離も、これら4つの成分の2乗の和で表す距離が大事になります。これを世界距離、あるいは世界間隔といい、式でいう ds^2 のことです。ピタゴラスでいうところの斜辺の2乗にあたるものです。時間は、空間とは別ものなので、符号にマイナスがついています。

ブラックホールとは、星が超新星爆発をしてできる天体です。数学的には、アインシュタイ

ブラックホールの質量

$$r_s = \frac{2GM}{c^2}$$

ブラックホールの半径

図1-3-1　シュワルツシルト半径

ンの方程式に「球対称時空」を選び、物質のほうを「真空」に選ぶことで、解を得ます。球対称とは、時空の形状が角度によらず等方な球形であるという仮定です。ブラックホールは物質はおろか光さえも、近づいた場合その強い重力によって、内部へと引き込みます。

光が引き込まれるかどうかの限界の境界領域が、地平線というもので、式のr_sにあたります。シュワルツシルト半径ともいいます（図1－3－1）。これはブラックホールの大きさに対応し、質量によって決まります。太陽の質量で約3㎞になります。つまり太陽をぎゅっと半径3㎞までに縮めればブラックホールになります。ただし、太陽は最終的に超新星爆発もしませんし、ブラックホールにもなりません。もっと重く、太陽質量の30倍以上の質量が必要と思われています。

さきほど「真空」を選んだといいましたが、実際にブラックホールは、まわりにガスや星の残骸をまとっています。その意味で、完全な真空ではありません。ふつうはこのシュワルツシルト解を舞台として、その舞台上で運動する光やガス粒子の運動を解かなくてはいけません。

　これがあとで登場する、「測地線方程式」です。これを計算することで、光やガスがどのようにブラックホールと反応するかがわかります。このように物質が入ると、とたんに問題は複雑になります。現在もブラックホールまわりの天体現象解明の研究では、数値計算によってこの複雑な方程式を解いています。

　２０１９年に、人類が初めてビジュアル化したブラックホールの映像というのが公開されました。この映像はもちろん観測によって得たデータを用いていますが、一部は数値的に、コンピュータで画像の補正を行っています。そのような映像の計算をするデータ解析も複雑で、実に数年という膨大な時間がかかっているのです。

　このような物質との相互作用を計算すると、驚くことにブラックホールは単に吸い込むだけではなく、ジェットのようなものを噴き出していることもわかります。

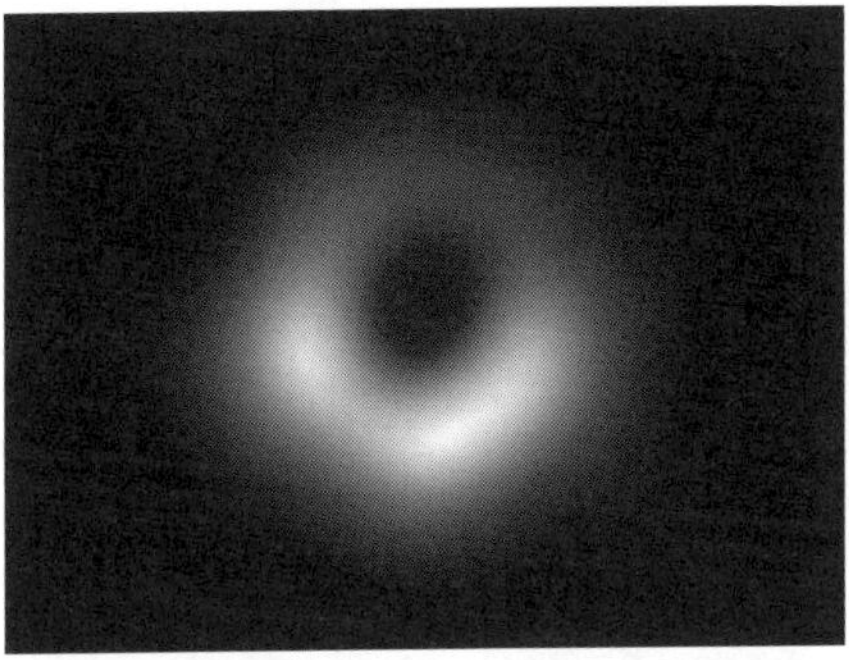

ブラックホールの影　Credit : EHT Collaboration

ブラックホールのまわりでは時間が遅れる

この数式でとくに注目すべきは、やはり右辺の最初のdt^2までの項です。ここはブラックホールまわりで時間がいかに遅れるかを表しています。ルートの計算がすぐにはできないでしょうが、たとえばrが地平線r_sの何倍の場所にいるかを決めれば、電卓でどれだけ時間が遅れるかが求められる仕組みです。

実は、宇宙に存在するブラックホールは、本当の意味ではこの数式ではダメです。あくまでブラックホールがどういうものかを理解するための基本的な数式にすぎません。

それはこのブラックホールには、回転が入っていないからです。星は宇宙では、回転をしています。爆発してブラックホールを形成する場合もこの回転運動を保ったままなので、回転するブラックホールが宇宙でもっとも一般的だといえます。シュワルツシルト解にこの回転を加えると、「カー解」というブラックホール解になります。

「カー解」の実際の数式はここにはのせませんが、興味があればぜひネットで調べてみてください。ものすごい形をしていると思います。天文学を学ぶ学生もこの解を導出するのに手こずります。シュワルツシルト解のほうは比較的簡単に求まりますが、こちらはそうはいきません。また電荷も加えた回転ブラックホールは、「カー・ニューマン解」といって、さらに複雑です。これらをそらで書けたら、それこそプロっぽいですね！

この数式の魅力はさきほどいったブラックホールのまわりで、いかに時間が遅れるかを表した部分でしょう。この式により、時間の遅れが具体的に計算できます。たとえば地平線の３倍の場所にいるとき、ブラックホールの近くの時間は、遥か遠方の時間よりも約１・２５倍時間が遅れることが計算できます。ＳＦ映画『インターステラー』という作品では、ブラックホールに近い惑星が登場し、そこでの１時間が外の７年分にもなっていました。これがこの数式で、いったいどれほど無理な設定かもわかります。きわめて地平線のそばにその惑星がないと、これほどの時間差は生まれません。しかし、そのようなぎりぎりの場所では惑星そのものが安定して存在できる保証はなく、設定としてはだいぶ現実味がないことがわかってしまいます。

カール・シュワルツシルト

従軍中にも数式が忘れられなかった男

１９１５年のアインシュタイン一般相対性理論が発表された直後、シュワルツシルトは、その特別な解としてこの数式を求めることに成功します。ドイツ軍にいた彼は、なんとロシアに従軍中に、その成果をアインシュタインに手紙で伝えます。戦争という超非常事態下でも、自分の興味と知的好奇心の火が絶えることがないというのは、すごいことですね。論文は、手紙を受け取ったアインシュタインが、従軍中の彼に代わって論文にまとめ発表されました。

その４か月後、悲運にも彼は病気がもとでこの世を去ってしまいます。42歳の人生でした。非常に明るい星が急激に短時間に燃えて、爆発し、ブラックホールに変貌します。彼の人生もまさに、最後の輝きを放ってブラックホールという永遠に語り継がれる存在へと昇華したのかもしれません。彼の想いが、まさにビジュアルになったともいえますね。

ブラックホールの実際の姿は、イベント・ホライズン・テレスコープという国際間協力のプロジェクトで、地球全体を、８つの望遠鏡から構成した巨大望遠鏡に見立てることで観測に成功しました。初撮影は２０１７年のことで、撮像写真が公開されたのが２０１９年。アイドルのブロマイド写真だとしたら、撮影から現像まで2年の歳月をかけた超大作といえます。値段がおそろしいことになりそうです。

最後にファンのみなさんへ一言

私（ブラックホール）のそばにいたら、一瞬の時間も永遠になること間違いなしよ。公式写真、販売中！

4

宇宙創成を解明できるかもしれない

重力波の波動方程式

数式

$$\frac{1}{c^2}\frac{\partial^2 h\alpha\beta}{\partial t^2}=\Delta h\alpha\beta$$

読み方

c2乗分の1　デル2乗hアルファベータ デルt2乗

イコール　ラプラシアンhアルファベータ

注：微分の読み方は分数とは逆で、上から下に読みます。

なぞってみよう

$$\frac{1}{c^2}\frac{\partial^2 h\alpha\beta}{\partial t^2}=\Delta h\alpha\beta$$

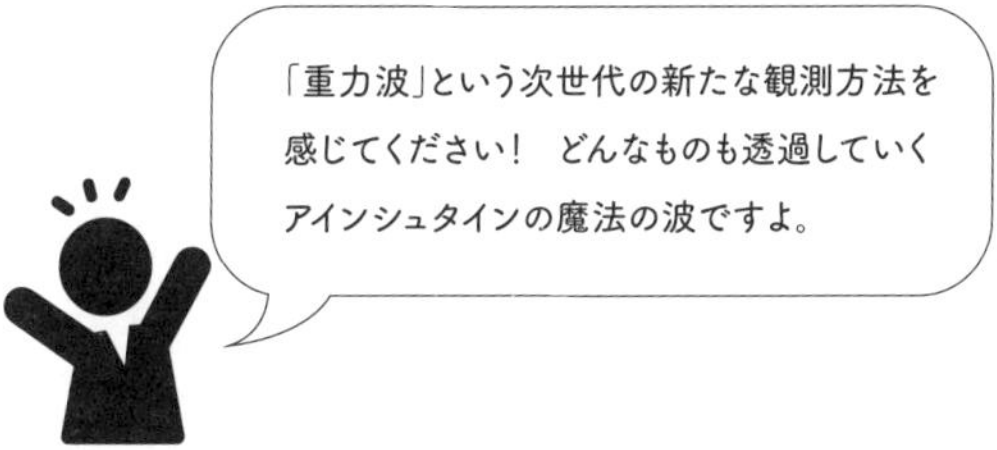

$$\Delta = \nabla^2$$

ラプラシアン　ナブラ

図1-4-1　空間の微分記号

宇宙の彼方からでも届く「さざ波」

この数式は、重力波という時空のさざ波を表しています。登場する「ラプラシアン」は、∇（ナブラ）の2乗と同じです（図1－4－1）。どっちも名前の響きがかっこいいですね！

数学的にはナブラは「空間の微分」を表し、ラプラシアンは、その微分を2回行う意味です。

ラプラシアンは、フランスの数学者・天文学者であるラプラスにちなんでいます。この名前はポケモンにもいるようです。ナブラは、ヘブライ語のたて琴を意味しています。記号がまさに琴に似ていますよね。

重力波とは、アインシュタインが予言した時空のさざ波です。アインシュタイン方程式で、時空の項に重力がない平坦な時空（3章で登場するミンコフスキーメトリック）からのずれ $h_{\alpha\beta}$ を代入すると導かれます。

波動方程式とは、重力波に限らずあらゆる「波の運動」を記述しているものです。音波や、水面の波面、さらに光もこの形に従う普遍的な形をしています。その場合、最初のc^2がその波の速度を意味しています。音波なら、この部分が音速v＝毎秒３４０メートルになります。これが１マッハという単位です。よく戦闘機がマッハ２になるといったことを聞くと思います。

話を重力波に戻すと、これは宇宙の最遠方からでも届くという天文観測における魔法のツールなのです。ブラックホールなどの強重力天体が２つで連星になっている場合、お互いのまわりを楕円運動し続けます。このブラックホールのダンスが起こると、まわりの時空にさざ波を生み、それが宇宙に広がっていきます。

アインシュタインの予言からおよそ１００年後の２０１５年９月に、アメリカのＬＩＧＯという地上に建設された数キロメートルにおよぶ巨大な観測機器で重力波が観測されました。観測名が、GW150914で、ＧＷは重力波の英語Gravitational Waveの略で、そのあとの数字はもちろん日付です。この結果の解析ができ、２０１６年に公式発表され、この成果により２０１７年にノーベル賞が授与されました。

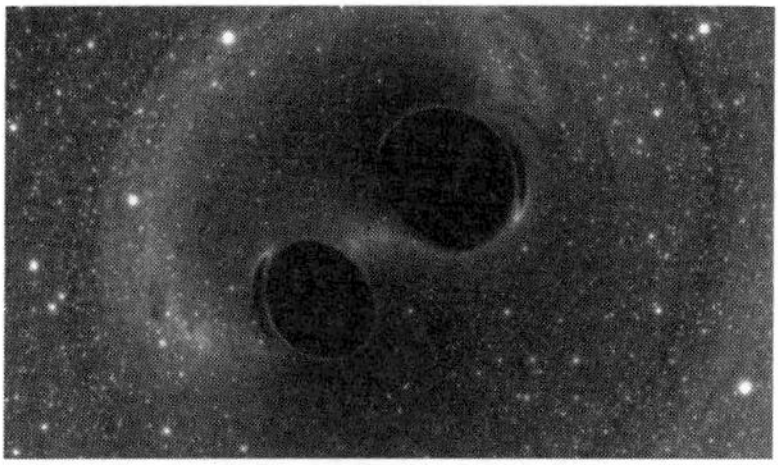

検出された重力波　GW150914
Credit: Simulating eXtreme Spacetimes

この事例は、なんと13億光年も彼方にある2つのブラックホール同士のダンスによるものでした。そんなシグナルが見つかるなんて、まさに魔法の波です。重力波はほとんど物質と相互作用せずに透過して長距離を伝わってくることができるため、そんな遠方の情報を「みる」ことができる次世代の望遠鏡といえます。

原理的には、光よりも遠くの宇宙が見えるので、ビッグバンよりさらに昔の宇宙創成という宇宙のはじまりもこれで明らかにできる可能性があります。その後も重力波の観測は非常に増え、2021年までに10例以上になりました。これからもますます増えてくることでしょう。

この数式で一番注目すべきは、最初の速度の部分です。

「あれ？」と思われた方、そうです、なんと重力波の速度も光と同じで光速度cなのです。この世に速いランキングがあるなら、これまでは光のみが1位の座を独占していました。しかしこの重力波の存在が確かになったことで、同率1位となりました。

さらに重力波は、光よりも圧倒的にほかの物質と相互作用をしない性質があるので、より長距離まで届くという意味では重力波が一枚上手です。

ちなみに2位は、わずかの差でニュートリノです。ニュートリノもほかの物質と基本的に相互作用しない透過性をもっています。地球でも毎日みなさんを素通りしていますが、数百個以上のニュートリノが通過しています。感じることがなくて、本当によかったです。

スーパーカミオカンデという日本のニュートリノ検出器では、そんなニュートリノを１日10個程度、観測しています。ニュートリノの速度もほぼ光速に近いですが、わずかに質量があるせいで、光よりも毎秒６㎞ほど遅いのです。端的にいえば、波動方程式の魅力は、まさにこのような「スピード勝負」自慢ではないでしょうか。

絶対にあるのに、100年も見つけられなかった

アインシュタインは一般相対性理論を発表した翌年には、この方程式によって時空の歪みが波として伝わることを予言しました。しかしこのごく微小な波は、典型的には10の-21乗というきわめて小さなものであったので検出には長い道のりがありました。

彼の生前はおろか、約１００年という歳月を費やし、人類は２０１５年にようやく直接観測に成功しました。実は、直接検出の前にも、間接的には「重力波はほぼ間違いなく存在する」ということがわかっていました。

たとえば、パルサーという非常に規則的に電波を出す宇宙の灯台のような天体があります。宇宙では、単体の天体で存在する場合と同じくらい、２つ以上の連星と呼ばれるペアーで存在することは多く、そのような天体を連星パルサーといいます。１９６７年にテイラーとハルスによって観測され、彼らはこの業績で74年にノーベル賞を授与されています。

この連星パルサーは、片方が中性子星という非常に高密度で強重力の天体であったために、その周回運動の影響で、届くパルスの間隔がわずかながら長くなっていっていることが発見されています。これは何を隠そう、まさに重力波が、そこから抜け出している効果そのものだったのです。その後も、発見された連星パルサーの変化と、一般相対性理論の予言が見事に一致していたので、直接観測する前からすでに重力波の存在を疑う者はいませんでした。つまり賭け事のオッズでいえばかなり低い、見つかって当然の存在でした。

それでも直接観測するまでの道のりは、地道で大変なものでした。簡単に検出する方法を説明すると、大型の干渉計をつくることです。光の速さを測る実験で使うマイケルソン干渉計と似ています。それはレーザー光を長距離、直行する2方向に分けて飛ばして数㎞にもおよぶアームを往復させ、干渉させるという仕組みです。

もしこの装置に重力波が通れば、時空の歪みによりどちらかの方向の距離に差が生まれるので、干渉模様が変化するということです。原理は以前から知られていましたが、あまりにごく微量の差なので、わずかな地面の振動を除去したり、温度管理をしたりと現実的な難問だらけでした。そんな苦節の末、人類はようやくその存在を直接確認するに至ったという歴史があります。

最後にファンのみなさんへ一言

あなたのハートへ届け、わたしの微弱なシグナル！

ニュートンの重力理論

地球近傍から銀河スケールまでの宇宙観

ニュートンの運動方程式は、かの有名なアイザック・ニュートンがまとめた力学体系の根幹をなす方程式です。

非常にシンプルなもので、高校の物理学で必ずこの形で学習します。簡単に説明すると、質量mの物体に力Fを作用させると、その物体は加速度aで運動するという意味です。

大学の力学の授業では、加速度の部分を $a=\frac{d^2x}{dt^2}$ と微分で表記し、微積分を使って学習させていきます。微積分は高校数学で習いますが、受験では原則、物理学には微積分を用いてはいけないということになっているので、不完全な状態で学習させるという背景があります。

それはともかく、この方程式の肝は、微分という数学ツールが確立されたことにあります。

つまり自身の微分という手法を用いて、うまく力学の本質をとらえたというのが、この数式の集大成です。

5

方程式のザ・古典

ニュートンの運動方程式

数式

$$ma = F$$

読み方

m　aイコール　F

なぞってみよう

$$ma = F$$

いです。つまり左辺は物体の運動を表す加速度だけで、右辺に、その物体に影響を与える力をすべて書き出します。たとえば、重力＋電磁気力＋空気抵抗＋……といった具合です。各要素のことを「項」と呼んでいたので、この力の例では、1項目が重力、2項目が電磁気力などとなります。

フォークボールのような変化球では、最後の揚力が大事なことも多いです。力をすべて代入したら、この式を解いて、物体の運動が決まるという仕組みです。

「力」という概念を決めた偉大な式

しかし、この数式の本当の価値はもっとほかにあります。それは、まず世界で最初に「力」という概念を定量化したという偉業にあるのです。つまり、物体の質量×加速度によって定量化されるものが力学の基礎をなす「力」というものになると、逆に読むことができるのです。とにかくこの17世紀に、現代式の力学体系がスタートすることになります。シンプルだけど、奥深い第一歩、まるで月面着陸したアポロのような意味をもっているのです。

この数式は左辺がただの1項だけで、右辺にその内訳をいくつもならべて表現することが多

力学体系というのは、舞台装置である「場の方程式」と舞台上で踊る「運動方程式」の2つ

$$F = -m\nabla\phi$$

力　　　重力場

図1-5-1　重力場を入れた数式

の種類があるといいました。重力の場合、場は、地球がつくる「重力場」です。これを表すのが、次に登場する「ポアソン方程式」です。そしてその重力場上で、運動する物体を決めるのが、このニュートンの運動方程式なのです。

重力場はϕ《ファイ》で表すことが多く、この場合、力は、$-m\nabla\phi$になります（図1－5－1）。ナブラという空間微分で表されています。ここまで含めて、ニュートンの重力理論、あるいは古典力学と呼びます。

同様に、アインシュタインの重力理論も、アインシュタインの方程式だけでは足りません。運動方程式に対応するものがまだ明記されていないからです。それが、強重力場中での、物体の運動を表している「測地線方程式」です。つまり、同じ運動方程式の立場でいえば、ニュートンの運動方程式のアインシュタイン版が、あとで登場する測地線方程式という対応になっています。

この数式の魅力は、さきほどいったように、あらゆる力について言及したいわば超一般形だということです。あとで登場する電磁気学においても、ローレンツ力という電磁気力を入れれば、物体の運動が解けます。物理学では、現代の量子力学あるいは単純に量子論に対して、このような古典力学と電磁気学を、まとめて「古典」という頭文字をつけて区別しています。

つまりこの式は、「ザ・古典」とでもいうべきもの。落語でもなんでも、古典を勉強するのは基礎の基礎であり、古典を制するものはすべてを制するといえます。

古典力学・古典電磁気学というのは、名前こそ古典とついていますが、身近な現象の9割近くはこれで説明されてしまいます。つまり、何のためにと聞くのは素人で、むしろ身近な現象すべての根幹をなしているといえます。

たとえば、あなたがどうやったら速く走ることができるか、水泳においてどうやったらより速く泳げるかといったことも、詳細にこの数式を解いていくことで答えを導けるのです。

ただし物理学の運動の解析と、生物の運動にはまた大きなステップがあり、本当に解析しようとすると、この古典力学の上に肉体の構造力学や、複雑な空気流体の力学などが、どんどん上乗せされます。でもそこさえ注意すれば、運動の根幹はこの数式だと言い切ってもいい、そんな式がニュートンの運動方程式です。その輝きは、オリンピック競技を広い意味で運動の大祭典だとすると、聖火がささげられるべき数式なのです。

ケンブリッジ大学で見られるニュートンの歴史

通称『プリンキピア（自然哲学の数学的諸原理）』として知られているニュートンの名著は、１６８７年に3巻にまとめられ刊行されました。ニュートンは、敬虔なキリスト教徒としてイギリスに生まれました。名前も旧約聖書、創世記に登場するイサクというアブラハムの息子の名前がついています。アブラハムは、遠いイエスの大祖先という系譜になっています。

彼はイギリスのケンブリッジ大学に入学し、その才能を開花させていきます。微積分、力学以外にも、水車や橋などの設計学、また工学についても研究しました。虹の7色も彼が由来といわれています。私は3年ほどこのケンブリッジ大学に研究員として滞在していたので、現地で彼の歴史に触れる機会が多かったです。

ニュートン像
Credit : Photograph ©Andrew Dunn, 8 September 2004.

ケンブリッジ大学は１２０９年につくられ、すでに創立８００年以上を誇る、イギリスで2番目に古い大学です。多くのノーベル賞受賞者を輩出し、哲学者のベーコン、政治家のクロムウェル、詩人のミルトン、さらに生物学者のダーウィンも卒業生です。

日本で大学というとキャンパスのイメージですが、ケンブリッジではこのキャンパス的な単位がカレッジと呼ばれ、町中のあちこちにカレッジがあり、町全体が大学のような状態になっています。ニュートン博士は、トリニティ・カレッジという物理学の分野ではもっとも名門のカレッジ出身です。

カレッジは、講義などをするいわゆる教室がある大学施設と、寮のような宿泊施設、食堂施設、さらに教会もある、複合的な大学建物です。映画「ハリー・ポッター」シリーズで、主人公たちが各寮に配属されますが、カレッジ制度はあれに似ています。トリニティ・カレッジの食堂では、『ハリー・ポッター』で出てきたような長机がならび、壁には歴代の有名な物理学者の肖像画が整然とならんでいる厳かな雰囲気となっています。ニュートンもその一角に今も輝いています。

イギリス最古の大学オックスフォード大学をはじめ、ケンブリッジ大学でも、今も階級社会の名残が色濃く残っています。食事も、最前面に教授陣がガウンというマントを着て登場し、みんな一斉に起立します。

そして「いただきます」の代わりにラテン語でご挨拶がなされて、コース料理のような食事がはじまるのです。デザートまでいくと、チーズの時間もあります。教授様たちは、これも別室で別メニューになっています。

どこもかしこも、上下関係がはっきりと残っています。カレッジ内にきれいな庭があるのですが、そこを横切っていい人も身分で決まっています。私も何度かうっかり芝生をまたいで守衛に注意された記憶があります。

ケンブリッジ大学でのニュートンの名残に話を戻すと、数学橋という一切釘を用いないで、まっすぐな木材のみをうまく組み合わせた、完璧なアーチの橋が建設されています。またあとで登場する、いわゆるニュートンの木ももちろん、トリニティ・カレッジの入り口に飾られています。

そして、力学体系をまとめた『プリンキピア』の初版本も、ここの図書館に大事に陳列されています。そのショーケースには、ニュートンが当時愛用していたペン、杖、さらに手帳が飾られています。手帳には、びっしりと小さい文字でラテン語の対応表が記されていました。

当時は古い文献を読む際、必須のツールだったのでしょう。そんな中、44歳の１６８７年に『プリンキピア』を、この地で出版するのです。ケンブリッジは、ロンドンから北に急行で１時間ちょっとの田舎町ですが、ぜひ彼がそこで生きていた雰囲気を味わうために足をのばしてみてはいかがでしょうか。

最後にファンのみなさんへ一言

（ファンにコール）力とは何か〜、（ファンに耳を傾け）それは私のことだ〜

6
重力は私たちが思う以上に特別なもの
ポアソン方程式

数式

$$\Delta\phi = 4\pi G\rho$$

読み方

ラプラシアン ファイ　イコール　4パイ G　ロー

なぞってみよう

$$\Delta\phi = 4\pi G\rho$$

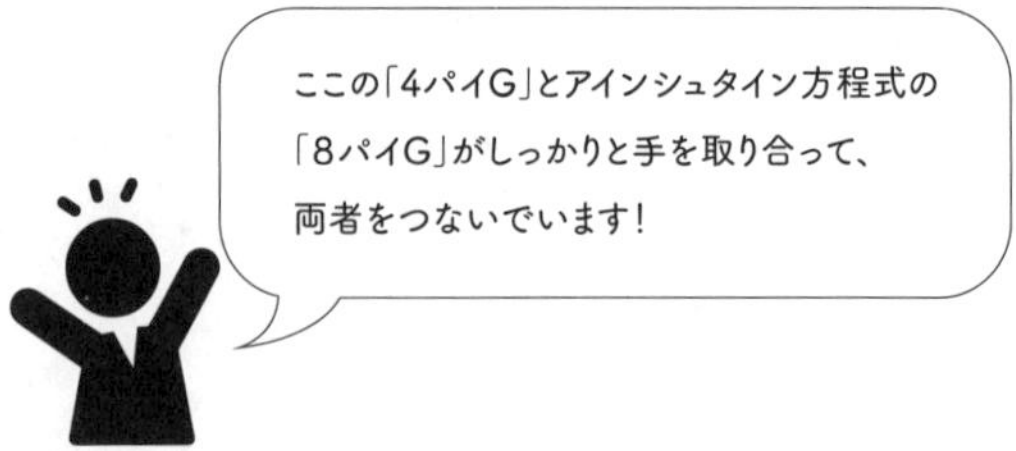

重力理論のテリトリー

ニュートンの重力理論の「重力場の方程式」です。つまり物体が演じる場所である、舞台を用意する数式です。

どのように用意するかというと、右辺のρが質量を表していて、これが決まると左辺の重力場ϕも決まるという方法です。地球でいえば、重力場は、地球全体の質量が関係してきます。またラプラシアンの中に空間微分が含まれているので、空間距離、つまり地球の中心からの距離rも関係してきます。

具体的には、万有引力の式で登場します。この式の一番大きい意味は、アインシュタイン方程式の完成に一役買っていることです。アインシュタインは、自身の重力理論を構築する過程で、リーマン幾何学を用いて、方程式を導きました。アインシュタイン方程式でイコールのすぐあとに係数：$8\pi G$の部分があったと思います。ここの最終的な形については、まさにこのニュートンの重力理論に一致させることで求めたのです。

つまり、アインシュタイン方程式で、弱い重力に近似させて式を変形していき、最後にこのポアソン方程式の係数：$4\pi G$に一致するように決めたのです。これは、理論を組み立てるときの非常に重要なプロセスを表しています。どんな勝手な理論を立ててもいいのですが、ある極限をとったとき、必ず別の既存の理論に一致させなければならないということです。各理論ピースの組み合わせで自然界全体を記述するという表現で、この章の最初に書いたことです。その意味で、アインシュタイン方程式は弱い重力場において、きちんとニュートンの重力理論になります。

だから、ニュートンの重力理論自体がもはや必要ないともいえそうですが、それはまた違います。地球上での力学では、アインシュタインの重力理論からスタートするとかえって遠回りであり、最初からニュートンの重力理論を用いるほうが便利です。

月や惑星の運動でも、銀河の進化についても、銀河系程度のスケールでは一般相対性理論の効果は無視できてしまいます。つまりそんなスケールで一般相対性理論を使うと、かえって不便なのです。

もっと宇宙全体、つまり銀河が数億、数兆個現れる規模になって初めてその効果が発揮される、それがアインシュタインの重力理論なのです。それぞれの理論のテリトリーが違うというイメージが、少しははっきりわいてきたでしょうか。

地球の重力場を球対称で求めると、$\phi=-\frac{GM}{r}$になります（図1−6−1）。重力場ϕとは、重力ポテンシャルとも呼ばれ、重力の位置エネルギーを意味します。力学で登場するエネルギ

質量

$$\phi = -\frac{GM}{r}$$

半径

図1-6-1　地球の重力場を球対称で求めた式

ー保存則は、これに関係します。Mは地球の質量で、地球の中心から距離rが離れるとどんどん重力エネルギーは増えていき最終的に0に近づきます。全体にマイナスがついていて、負の値だからです。これは重力が引力であるためです。十分遠方でその重力源からの影響が消えると、エネルギーゼロ、つまりその惑星から脱出できます。これを第二宇宙速度といって、地球の場合、秒速約11㎞です。これがロケットの下限速度であり、地球脱出速度ともいいます。

この数式の魅力は、なんといっても4πGのGの部分の輝きでしょう。万有引力定数あるいは、（ニュートンの）重力定数と呼ばれています。この値が非常に小さいがために、自然界にある4つの力のうちで重力だけが特別な存在となっています。重力は、ほかの素粒子力や電磁気力に比べて、あまりにも弱いのです。しかし、たとえどんなに弱くても、「万有という性質」が強力であり、この世に存在する質量をもつすべての物体が影響しあうため、天体のような巨大な物体では、絶大になります。

だから宇宙では、重力こそが唯一の支配的な力となります。ちりも積もれば山となるといったところでしょうか。ほかにも、宇宙において重力が支配的となる理由があります。それは、重力には、決して打ち消すような斥力《せきりよく》がないのです。

電磁気力にも、電荷によって引力と斥力の両方があり、打ち消すなどする場合があります。宇宙にも、銀河などに磁場があるといわれていますが、ごく微量です。それは重力と違い、ちりも積もるようなすべての合算とはいかないからです。重力は決して打ち消すような斥力がないことも、重力の奇妙な本質のひとつといえます。そんな重力の奥深さをこのGは象徴しているといえますね。

この数式が役に立つのは、新しい惑星環境に降り立った場合でしょう。舞台設定を司るこの方程式は、地球とは異なる重力環境を調査するときには大事な要素です。

実は地球でも各場所で微妙に重力が異なります。それは、さきほどの惑星中心からの距離がわずかに異なるからです。赤道のほうが、わずかに距離が長く重力も弱くなります。さらに遠心力も働き、最終的には赤道は北極よりも約0・5％体重が軽くなります。こういった地上のそれぞれの場所で重力がどのようになっているのかを調べることを、「地上重力測定」ともいいます。

もし将来新しい惑星に移住するとなると、各地点での重力測定の際には、まさにこのような数式が大事になります。

フランスの数学・物理学のレベルの高さが窺える

この式の名前、ポアソンは、フランスの数学者・物理学者のシメオン・ドニ・ポアソン博士に由来します。父には医学の道を勧められましたが、不器用であったことから数学の道に進んだといわれています。惑星の運動などに強い関心があったようです。ここでは重力に関するポアソン方程式だけでしたが、電磁気学におけるポアソン方程式もあります。ほかにも流体を扱う流体力学でも重要な意味をもっている広いクラスの一般式の名称です。

ちなみに、右辺がゼロとなる場合をラプラス方程式といいます。これは物理では非常に重要で、たとえば物体から遠く離れた場所において、一定の状態に落ち着く場合を扱うことができます。そのためこの数式は、調和というバランス状態を表しています。由来のピエール＝シモン・ラプラス博士も数学・物理学で偉大な業績を残した人物でありフランス人です。

彼は、長さ単位のメートルの起源にも関わっています。1メートルとは、地球の子午線の長さを1000万分の1にするという基準によって定義する長さであり、これを最初に提言した人としても有名です。

あとで登場する量子論と対比される「ラプラスの悪魔」というなんともいいネーミングも、彼の名前が由来です。櫻井翔さん主演で映画化した『ラプラスの魔女』の元にもなったので聞いた方もいるかと思います。思わぬところで名前が残るものですね。ラプラスはポアソンよりも1世代上ですが、当時のフランスの学術レベルの高さを感じます。

最後にファンのみなさんへ一言

1人では弱い重力、でもみんなで手を取り合えば無限の力!

7

あなたも私も惹かれあっている

万有引力の式

数式

$$F = \frac{GmM}{r^2}$$

読み方

F　イコール　r2乗分のG m M

なぞってみよう

$$F = \frac{GmM}{r^2}$$

リンゴも月も落ち続けている

ニュートンの力学への寄与は、運動方程式の確立と、この「万有引力」の発見にあるといえます。自然界には、現在、大きく４つの力ですべての現象が記述できると考えられています。弱い力、強い力、これらが量子力学的な力と総称されるもの、そして電磁気力、さらに重力です。ニュートンの発見により、重力の本質が質量をもつ「万有物質」に働く普遍的な力であることが明らかにされます。

つまり自然界の４つの力のうち、ほぼ１つの本質をとらえたともいえます。というのも彼が亡くなったあと、ほかの３つの力は物理学上大きな進展があったのに対して、重力が関わる力学は、アインシュタインの出現までおよそ２００年あまり、さほど大きな進展をせずにいました。誰もが彼の万有引力の式で重力は完成され、正しいと理解してきたのです。その後、一般相対性理論によって、この数式も重力が強い状況で変化することが示されます。

それでも地球上の重力現象、あるいは月や惑星の運動まで、この数式だけで一気に駆け上がったニュートンの偉大さと爽快感は何ものにも代えがたいものだといえます。さて、この数式の意味ですが、２つの物体がそれぞれ質量mとMをもっているとします。そして距離r離れている場合に、２つに働く万有引力Fがこのように与えられるという式です。

どんな物体でも、質量さえもっていれば必ずこの引力が効くということなので、ニュートンは、リンゴが木から落ちる現象と、月が地球をまわる運動は、同じものだと見抜くのです。天才が見ている世界は、パッとすぐには常人には理解できないかもしれません。どんな物体でも、という部分が「万有」という言葉の重みであり、ふつうは、空にうかぶ月とリンゴを同一視などできません。

その心はと問われれば、「どちらも相手が地球でしょう」ということになります。つまりリンゴmと地球Mのペアーと、月mと地球Mのペアーというアナロジーをみたわけです。

では地面に落ちてしまうリンゴと、落ちてこない月は何が違うのかと別の発想をします。そして彼は、「月も落ち続けている！」と気がつくわけです（そう言ったかどうかはただの筆者の推測です）。つまり、月もリンゴと同じように、地球に引っ張られ続けていますが、最初の速度が大きく、地面が球面であることを考えると、月は地球に落下せず、地球のまわりを円運動し続けます。

遠くにボールを水平に投げることを考えてください。どこまでか飛んでいずれ地面に落ちます。今度は、もっと速い弾丸なら、さらに遠くに水平に飛んでいきます。初速度が大きければ、落ちるまでの水平距離の移動も大きく、遠くになるのがわかります。さらに地面は地球規模では球形なので、これまで水平に飛ぶといっていたのは、今度は球面にそって飛ぶようになりま

惑星の質量

$$g = \frac{GM}{R^2}$$

惑星の半径

図1-7-1　ある惑星の重力を求める数式

す。

　結果的に、月は現在も「落下し続けている」あるいは「落下するまでの水平移動をし続けている」と解釈できるのです。難しいと感じた方はとばしてもらってOKです。少しでも天才の見た景色を伝えようと、少し熱が入ってしまいました。リンゴをスーパーで見かけたとき、思考が月までぶっ飛べれば、あなたもその仲間入りです。

　この式の別の形では、ある惑星での重力を求める際に便利です（図1－7－1）。gとは重力加速度といって、地球上ではほぼ$9.8m/s^2$という値になっています。これが何からくるかがこの式です。つまり地球の質量Mと半径Rを代入すれば、値が出てきます。

　普段は感じることがない地球の大きさですが、この数式によって、目の前の落下現象と直接関係してくることがわかります。しかし地球がいかに巨大といっても、重力がそれほど強くないことも実感として知っていることでしょう。みなさん、簡単に地面から足を離し、ときにはジャンプして身体を完全に離すことも可能だからです。もしこれが強い力であれば、どんなことをしても地面から足が全く離れることはないでしょう。

地球の質量は、約10の24乗kgです。それでも、あなた1人を地面に完全に止めておくことができません。裏をかえすと、それほど重力が弱いということです。それは万有引力定数Gが非常に小さいということに関係しています。これは、現代の物理学でもいまだに謎のひとつとして残っている難問です。そのため、いくら目の前に2人の人がいても、直接重力で引かれあうことを感じることはないのです。

この式を見ると、すぐにr＝0で無限に発散するので、おかしいと感じる人もいるかもしれません。おっしゃる通りで、ごく短い距離については正確ではないです。これを調べようと物体同士を接触させようとすると、原子・分子同士の静電気力が強くなってしまい、これが斥力となって、実際の重力だけの影響がわからなくなります。

ただし、現在も0・1ミリメートルよりも小さいスケールで、重力の法則がどのようになっているかを実験的に調べる研究は行われています。この万有引力の法則を「逆2乗則」ともいいます。距離rの2乗に反比例するからです。これがずれていると、実は私たちの世界が3次元空間よりも上の次元にあるかもしれないというアイデアに関係してきます。ここらへんは込み入っているので、興味があればぜひ別の解説書でご覧ください。

ほかの惑星の重力を調べてみる

ではこの式を使って、異なる惑星における重力がどのくらいになるかを求めてみましょう。実際の単位を入れて計算するよりも、地球の何倍かを知るほうが簡単です。たとえば月は、質量が地球の約0.00123倍（１２３とは覚えやすい）で、大きさは４分の１程度です。比例・反比例だけを考えれば、Ｇの値を入れる必要もなく、0.00123*16=約0.019倍と出ます。６分の１は約0.017なので地球の重力の約６分の１だとわかります。こうなると、火星や木星など、いろいろなデータを入れて自分で計算したくなりませんか？

逆に、重力を極限まで強くするためには、どうしたらいいかわかりますか。Ｍを大きく、天体の大きさは小さくすればよく、それこそが高密度天体である中性子星やブラックホールというわけです。中性子星は質量は太陽程度で、半径は10㎞ほどしかありません。そのため中性子星を角砂糖１個ほどとると、その重さは10億トンにもなります。ゾウがいったい何頭スプーンの上に乗ってくるのか、ＣＭ顔負けの演出です。そんな誰でも簡単にその天体の重力が計算できてしまうのも、この式のシンプルさのおかげといえます。

この数式の魅力は、やはり「万有」という言葉につきると思います。

すべての物体に働く力とは、実に奇妙であり、それゆえミステリアスだからです。しかも引力しか存在しないというのも実に奇妙です。アインシュタインもジョークで、「あなたと私が惹かれあうのも、この数式のおかげだよ」と万有引力の法則をナンパ的にお使いになられています。ますますこの数式の引力に引き込まれてしまいそう。

魔女裁判との闘いもあったケプラーの法則

万有引力の法則発見の裏には、ヨハネス・ケプラーの貢献が大きいとされています。彼は、１５９９年にティコ・ブラーエという天文学者の助手としてプラハに招かれます。ティコはこれまで数十年にわたって惑星運動を詳細に観測してきており、膨大なデータが蓄積されていました。当時はまだ地動説が支持されておらず、ティコ自身も、自分のデータから修正した天動説しか導けませんでした。

そんな折、１６０１年ティコがこの世を去り、16年におよぶ惑星観測データがケプラーの手にゆだねられます。そして１６０９年に、ケプラーはケプラーの法則として第1、第2法則を発表、さらに１６１９年には、もっとも万有引力の法則に貢献した「ケプラーの第3法則」を発表します。これは「惑星の公転周期の2乗は、公転半径の3乗に比例する」というものです。

これがのちに、ニュートンの着想に決定打を与え、逆2乗則として万有引力の式が確立されるのです。ただし、ニュートン到来まで半世紀もあり、当時は地動説が宗教的にも異端とされ、ケプラーの母親もこの法則の発表により魔女裁判にかけられてしまいます（関係ないのに）。今では信じられないことですが、当時は、地動説はまさに天地もひっくり返る「暴言」だったようです。

ここでも、仮に歴史上この膨大なデータを引き継ぐものが現れず、ただティコが亡くなってしまっていたらどうなったのかと気になりますね。わずか数年のティコの晩年に偶然現れたケプラーに、運命的なものを感じてしまいます。運命といえば、ケプラーはルドルフ2世という皇帝の王室お抱え占星術師が本職でした。科学と占いが共存していた時代背景もうかがい知ることができます。

話はそれますが、ニュートンの万有引力発見の逸話では、もしこれが落ちてきた花瓶やハトのフンとか、はたまた別の果物だったらと想像してしまいます。この逸話の真偽は、今ではわかりませんが、リンゴというのが良かったのではと思います。リンゴは、宗教的にも、原罪の象徴といわれているからです。

この点を映画『ダ・ヴィンチ・コード』では、キリストの末裔が生きている痕跡を探そうと、モナ・リザに秘められた暗号を解いていくというストーリーで語っています。最終的に、暗号の答えとなったのも、ネタバレですが実はこの「Apple」だったのです。「ニュートンが追い求めていた球体はなにか」という問いの答えだったと思います。地球でも月でもなく、リンゴというのが実にロマンチックです。

実際、ケンブリッジ大学のトリニティ・カレッジには、今もそのリンゴの木（もちろん接ぎ木した子孫の木）が、ひっそりとはえています。一見して、すぐに「これがニュートンの木」などとあからさまな看板がないのが、控えめなイギリス人文化らしくていいです。このニュートンの木の子孫は、日本にもあり、東京大学所属の小石川植物園にあるので、ぜひ眺めにいってはいかがでしょうか。根本になにかの暗号があるかもしれませんよ。

最後にファンのみなさんへ一言

わたしとあなたを引き寄せるもの、この魔法のリンゴがカギなのよ！

8

強い重力中での星々の動きを計算する

測地線方程式

数式

$$\frac{d^2x^\mu}{d\tau^2} = -\Gamma^\mu{}_{\alpha\beta}\frac{dx^\alpha}{d\tau}\frac{dx^\beta}{d\tau}$$

読み方

d2乗xミュー　dタウ2乗　イコール　マイナス　ガンマミューアルファベータ　dxアルファdタウ　dxベータdタウ

なぞってみよう

$$\frac{d^2x^\mu}{d\tau^2} = -\Gamma^\mu{}_{\alpha\beta}\frac{dx^\alpha}{d\tau}\frac{dx^\beta}{d\tau}$$

映画『インターステラー』でも使われた方程式

宇宙を支配するアインシュタイン方程式が、舞台設定をする「重力場の方程式」であるのに対して、その舞台で踊る物体の「運動方程式」がこの測地線方程式です。

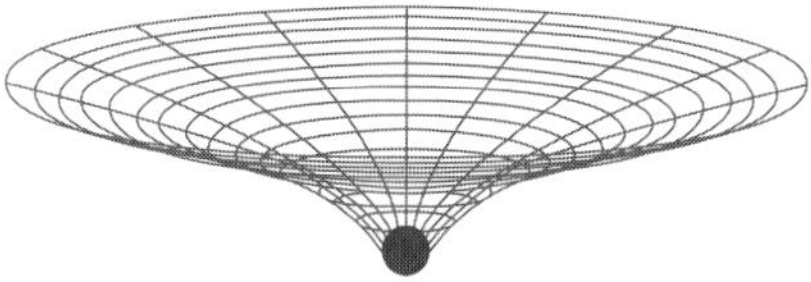

ブラックホールまわりの曲がった時空

前に出てきた、「ポアソン方程式」という舞台で「ニュートンの運動方程式」が踊っているのと同じ構造です。ちなみに測地線とは、曲面上の2点を最短距離で結んだ曲線のことです。ゴム膜のような布の上に重いボールを置くと、中心が落ちて、溝のようなものができます。その溝にそって、つまり測地して、運動するからその軌跡が測地線といわれるのです。

左辺は加速度なので、ニュートンの運動方程式と比べると、右辺が力となります。この力は大文字Γによって表されており、これが時空を表すメトリックから計算できる仕組みになっています。

たとえば時空として「宇宙」を選べば、宇宙を飛ぶ光の運動が求まったり、「ブラックホール」を選べば、そのまわりでの星やガスの運動を解いたりすることができます。ニュートンの運動方程式のいわば一般相対性理論版がこれです。時間の表記が、tではなくτ《タウ》になっていて、本当はアフィンパラメータという、少し特殊な時間ですが、気にしないでください。

この数式の魅力は、やはり右辺のΓでしょう。

重力が強い場合には、設定した時空の影響がここに力として現れます。重力が弱い場合は、前のニュートンの運動方程式と同じになります。さらに重力が働かない場合には、ここがゼロになります。これこそ、アインシュタイン人生最良のアイデアといわれている「等価原理」そのものです。つまり自由落下する物体では、(局所的に)重力を消すことができ、$\Gamma=0$にできます。そしてこの世界こそ、特殊相対性理論の世界そのものとなるのです。$\frac{dv}{dt}=0$、つまり加速度がないので、速度が一定になります。特殊相対性理論は、基本光速度で走るものが見る世界ですが、正確には、速度が光速度でなくても等速度であればよい世界で、それを記述している理論です。

時空という言葉でいうと、このような力が働かないものは平坦時空ともいいます。3章でミンコフスキー時空として登場します。これはいわば更地のような何もない舞台です。滑り出したら止まらない、そんなアイススケート場のようなイメージです。

この滑り続けるという性質が、測地線というイメージに近いです。つまりどんな曲がった時空中でも、その歪んだ布のような舞台の上で、自然と滑っていく物体が、この測地線方程式に従うのです。難しいことはさておき、とにかく天才が人生で一番興奮した瞬間が、このΓが消えたときだったと覚えていれば十分楽しめます。

この数式を用いると、たとえば「ブラックホールが実際にどのように見えるか」について調べることができます。ブラックホールは、基本的に光も脱出できないので、それを「直接見る」ことができません。しかし、近傍をまわる星が破壊されたり、光がそばを通って曲がったりする効果によって、ブラックホールの周辺は、明るいリングのようなビジュアルを見せています。真っ黒な物体の形を見えるようにするためには、たとえばその表面にライトを配置させればいいでしょう。それと同じで、光がブラックホールの表面に沿うことで、真っ黒な形の輪郭がはっきりとわかるというイメージです。

ぜひ、61ページでご紹介した２０１９年の公開写真をご覧ください。そのような光の見え方を、計算によって求めるためには、まさにこの測地線方程式を解く必要があります。

映画『インターステラー』では、キップ・ソーン博士というノーベル賞を受賞した物理学者が監修に携わり、作中でのブラックホールの光で見えるビジュアルを製作しています。ここでもいい加減なイメージ図をのせるのではなく、彼は本当にこの測地線方程式を、さまざまな光線について計算し、リングの見え方を、きちんと計算して出しました。一瞬のシーンですが、そういった背景をかみしめてみると、また違った見方ができるかもしれません。

最後にファンのみなさんへ一言

重力が気になった方は、ここ（Γ）をポチッとクリックしてね！

第2章　素粒子の数式

原子分子、はてはクォークまでのミクロ世界を支配する量子力学

宇宙の誕生で生まれた素粒子

自然界の多くの現象を、たった1つの数式でまとめ上げた天才たちの偉業の輝きは、歴史が経っても色あせることはありません。神様の言語を、数式という形でこの世の人々にもわかる形で翻訳しようと絶え間なく努力してきた科学者たちの数式発見へのドラマが多いのも、この「素粒子の数式たち」です。原子や分子、さらにはクォークや電子と呼ばれる素粒子を支配する世界、それが量子力学です。

2章では、私たちの日常とは全く異なる世界である、量子力学の不思議な世界が舞台です。ときに数式は、それを生み出した科学者本人の知識を超えて、後世になりその真の意味を見出す者や新たな発見が登場し、数式それ自体がまるで独立した生き物のような存在感を放つことがあります。数式を扱うものでさえ当初気がつかない、あるいはまだ明らかにされていない深淵な意味を含んでいる場合があるのです。そんな例が、この章に登場します。

素粒子の世界は一見、宇宙と無関係のようですが、実は宇宙の非常に初期を支配しています。ビッグバンという火の玉のような状態から急激な膨張をして広がった空間では、同時に、素粒子が生み出されます。クォークや電子のことで、フェルミオンとも総称される物質の根源粒子です。

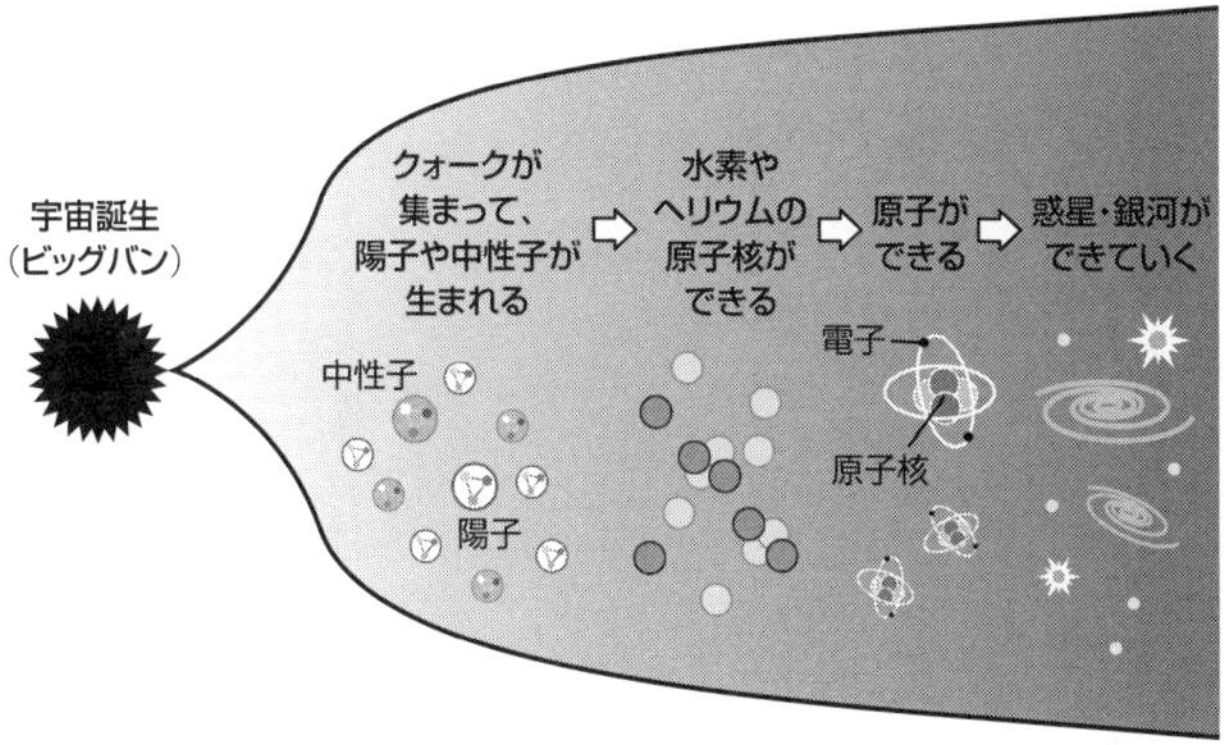

宇宙の誕生と素粒子

ここで登場するのが、通称、神の粒子と呼ばれている「ヒッグス粒子」です。これによって、すべて質量がゼロであったフェルミオンたちは、晴れて質量を獲得します。ヒッグス粒子はすべての素粒子に質量を与える存在なので、神の粒子と呼ばれるようです。

そして徐々に、宇宙の温度が冷えてくるにしたがって、クォークは3つでひとかたまりとなり陽子や中性子を形成しはじめます。ここで、強い力や弱い力が大いに活躍するのです。宇宙においてもっとも支配的な力は重力ですが、それはあくまで天体サイズまで物質が成長してからの話で、このようなごく初期には、量子力学的な力が支配的となっています。

やがて陽子、電子、光子が絡み合った状態から、光子だけが分離して、宇宙空間に一斉に放たれることになります。これが宇宙背景輻射《ふくしゃ》という宇宙論のもっとも重要な観測のひとつです。通称、「晴れ上がり」ともいいます。真っ暗だった宇宙全天が、一気に光であふれる瞬間です。

そこで形成された水素やヘリウムといった混合ガスが原料となり、重力で固められると、自ら光る星へと変わります。輝く星が大量に生まれると、太陽の3倍以上の重い星がその内部で、炭素以上の元素を生成します。このように周期表の順番にしたがって、宇宙は元素を生成していくのです。周期表とは、ただの元素の一覧リストである以上に、宇宙における物質の歴史そのものを刻印したシナリオ本なのかもしれません。こうして原子が形成し、さらに原子同士が結合して、分子もできあがっていきます。私たちも、このレベルまで分解すればすべて周期表の元素に帰着されるので、ミクロの世界といっても切っても切れない関係にあります。数式の扉を叩いて、そんなミクロ世界を覗いてみましょう。

素粒子の数式の魅力を、数式アイドルとして語るには、やはりその世界の特徴から「不思議ちゃん」という名称がすぐに浮かんできます。とくに1章と比べると、ミクロスケールに象徴されるように、癒し系のイメージになりそうです。天然ぼけの子もいて、アイドルタレントとして、バラエティにも多数起用される、そんな個性豊かな集団がこのグループの特徴でしょう。

1

人類の叡智、オールインワン

標準理論の数式

数式

$$-g_1\bar{\psi}\not{B}\psi-\frac{1}{4}B^{\mu\nu}B_{\mu\nu}\ \text{(電磁気力)}\quad -g_2\bar{\psi}\not{G}\psi-\frac{1}{4}G^{\mu\nu}G_{\mu\nu}\ \text{(強い力)}$$

$$-g_3\bar{\psi}\not{W}\psi-\frac{1}{4}W^{\mu\nu}W_{\mu\nu}\ \text{(弱い力)}\quad +\frac{1}{16\pi G}(R-\Lambda)\ \text{(重力)}$$

読み方

マイナスg1 プサイバー Bスラッシュ プサイ マイナス4分の1　Bミューニュー Bミューニュー
マイナスg2 プサイバー Gスラッシュ プサイ マイナス4分の1　Gミューニュー Gミューニュー
マイナスg3 プサイバー Wスラッシュ プサイ マイナス4分の1　Wミューニュー Wミューニュー
プラス16パイ G分の1　Rマイナス ラムダ

なぞってみよう

$$-g_1\bar{\psi}\not{B}\psi-\frac{1}{4}B^{\mu\nu}B_{\mu\nu}-g_2\bar{\psi}\not{G}\psi-\frac{1}{4}G^{\mu\nu}G_{\mu\nu}$$

$$-g_3\bar{\psi}\not{W}\psi-\frac{1}{4}W^{\mu\nu}W_{\mu\nu}+\frac{1}{16\pi G}(R-\Lambda)$$

実に長いですが、これぞ人類の究極の結晶。
これ1本あれば、この世のすべての力が
オールインワンで入っています！

物理学者の夢、力の統一

この数式は、自然界の4つの力を記述しています。そしてこの式にたどり着くことが、2章の目標でもあります。

宇宙には森羅万象といわれるようにあらゆる現象が存在しますが、4つの力に大別することができます。記述した式の順番でいうと、上から電磁気力、強い力、弱い力、最後が重力です。

重力は1章で扱ってきたもので、アインシュタイン方程式になるのが、最後の部分の式です。

この部分を変形すると、38ページの「宇宙定数を加えたアインシュタイン方程式」が出てきます。そしてこの2章、量子論で主に扱う力は、強い力と弱い力に対応しています。主に、原子を構成するために重要な力が主役です。全体は実に長い式ですが、1つの数式を巨大な自然界のパズルにたとえると、これはまさに最大級のピースといえます。人類の叡智の結晶といってもいいかもしれません。この数式は、形だけ見ても、上記3つの力と最後の重力が大きく違っているのがわかります。これら4つの力は最終的に統一して扱うことができると多くの物理学者は信じており、そのような究極的な理論を統一理論といいます。

この章の流れは、まず量子論というミクロ世界の法則を紹介しながら、シュレディンガー方程式という量子論の有名な式を眺めます。そして、それをディラック方程式というもっと洗練された式に整えて、最終的に、この標準理論の素粒子力までたどり着きます。ここまでが現在の物理学の到達点です。そして欲を出して、さらに高みである統一理論を探る究極の世界をチラッと紹介していくコースになっています。まずは、大きな山である、この標準理論の式の頂を目指して一緒に、山登りをしていきましょう。

量子論の基本、プランク定数

量子論にとって、もっとも重要な定数をまずはご紹介しましょう。それがhという文字で書かれた「プランク定数」です。これがミクロ世界の基準を決めています。この値は、量子論のエネルギーの単位に相当しています。これまでエネルギーはいくらでも自由な値をとることができると思われてきました。しかし20世紀の初頭、エネルギーはある微小なとびとびの値しかとれないことがわかってきたのです。その最小単位を表しているのがプランク定数です。物も分解していくと元素の集合体となり、元素ごとの単位で変化します。それと同じでミクロになると、プランク定数ごとのエネルギーをもった粒のようなものが見えてくるのです。またこの定数が、これから語る量子論の奇妙さのすべての発端にもなっています。1章でみた重力の世界では、物理定数Gが重力の大きさを決定していました。同じように原子分子のミクロ世界では、このhが量子論を決める定数なのです。

プランク定数に文字hを使うわけ

プランク定数を最初に提唱したのは、ドイツ人のマックス・プランク博士です。学者の名前の頭文字が、物理定数の文字に使われる場合もありますが、彼の名前のpは入っていません。なぜpではなくhを用いているのか、その歴史的経緯について少し補足しておきます。彼は1900年、光の黒体輻射に関する法則を発表した論文の中で、ある仮説を紹介しています。どうやら光にはエネルギーの最小単位があるようだ、彼はそう考察します。そこでその量を表記するための新しい記号が必要となりました。彼は、その新しい概念の呼び名としてHilfsgröße（Hilfs＝補助、größe＝大きさ、量）の頭文字をとったhという文字を導入したのです。私はドイツ語の読み方がわかりませんが、とにかく本質的だとさえ思っていなく、補助的な量として導入されました。プランク定数hは、原文のドイツ語単語の頭文字だけが残っているという珍しい例になっています。おそらく多くの研究者も、自分でなぜhを用いているのかを調べてみないと、そもそもの語源を知らないのではないかと思います。それくらい、ほかの物理定数の文字のつけ方からすると、プランク定数は異例のhなのです。最初は、理論を説明するために急遽用いた補助的役割のものだったのが、誰もが全く予想もしなかった自然界の真実の姿を照らしていくことになったのです。

2

同時に2か所に存在できる

不確定性原理

数式

$$\Delta x \cdot \Delta p \geq \frac{h}{4\pi}$$

読み方

デルタx デルタp　大なりイコール　4パイ 分のh

なぞってみよう

$$\Delta x \cdot \Delta p \geq \frac{h}{4\pi}$$

量子論の奇妙さを説明する

この数式は、粒子の位置と速度が同時に決まらないことを表しています。簡単にいうと、その粒子がいる場所が決まらない、あるいは同時に2か所にも存在できるという奇妙な状況を物語っている数式です。

正確に書くと、位置xと速度（正確には運動量p＝mv）が同時に決定できない関係を不確定性関係といいます。そして、これが量子論の、直感と大きく異なる世界の根本原因でもあり、もはや関係式という名前を超えて、不確定性原理と呼ばれるほど、本質的特徴となっています。デルタはそれぞれの観測量のゆらぎを表しています。つまり「位置の決まらなさと速度（運動量）の決まらなさは、かけてプランク定数より大きくなる」ということを大雑把に語っています。

物理定数hはさきほど登場した量子論の最重要キャラ、プランク定数です。これまでの力学では、ある粒子の位置と速度は別々に決定することができました。つまりこれは2つを同時に決めることができることを意味します。たとえばある時刻にx＝5にいて、速度v＝3m/sといった具合に、当たり前のように別々に決めることができていました。しかし素粒子の世界ではこれは成り立たないことがわかったのです。同じ状況でも、ある時刻に位置はx＝5のまわ

a式

$$[\hat{x}, \hat{p}] = i \frac{h}{2\pi}$$

交換関係

b式

$$\Delta E \cdot \Delta t \geq \frac{h}{4\pi}$$

エネルギー　時間

図2-2-1　不確定性原理　a式、b式

りでゆらぎ、速度もv＝3m/sのまわりでゆらいでしまうのです。もし位置を完全にx＝5に決めようとすると、今度は速度のゆらぎが大きくなり、速度の値に確定的なことがいえなくなります。これが同時に決まらない仕組みをすごく簡単に説明したものです。それぞれの観測量が絡み合っており、そのゆらぎの積が必ずプランク定数以上になるということです。つまりこの数式において、プランク定数は、観測して物理量を決定する際のある種の限界のようなものを示しています。ミクロ世界は、このように私たちの日常の直感とは大きくかけ離れた法則が支配的になってきます。

また数式の別の表式としてa式があります(図2-2-1、a式)。この［ ］は交換関係という記号で、量子論ではよく登場します。みなさんは掛け算で、順番を入れ替えることができるということを知っています。A×BはB×Aと同じです。しかし、量子論の世界では、この交換関係が成り立ちません。詳しくは書きませんが、ここのxとpにはハットという記号が頭に乗っていて、まるで帽子のようです。これは「演算子」という記号を表し、「量子力学は、演算子が反交換である」といいます。

量子論の説明は、ただの読み物だけで語るにしても、紙面が相当必要になるテーマですので、深入りはやめます。また別の物理量同士にも、不確定性原理があり、b式もそうです（図2－2－1、b式）。エネルギーEと時間tが絡み合っています。これは、ある意味、量子論の時間の奇妙さの一端を示すものになっています。素粒子では、あとで登場するようにエネルギーが負となる粒子が登場します。それは時間的に逆向きに進む、つまり時間逆行に関わっている粒子なので、本当に奇妙な存在なのです。

この不確定性原理から、素粒子の位置に関しても、同時に2か所に存在することができることが導かれます。私たちの日常だと、1人の人物がある時刻に東京にいたら、同時に大阪にはいません。だからこそ犯行のアリバイというものが成立するわけです。その点、素粒子の世界では、これら2か所に同時に存在できてしまうため、アリバイの立証ができないということになります。

量子論では、「同時に2か所に存在できる」のほかにも「壁をすり抜ける」「瞬間移動する」

などのまるでSF映画のような現象が多数登場します。これらも大本は、位置の不確定性からくるもので、その原因となるエッセンスは、まさにこの不確定性原理に凝縮されているといえます。

量子論の誕生「物理量の本質とは何なのか」

この数式の魅力は、量子論の奇妙さを端的に示している点でしょう。

ただそれをきちんとみなさんに説明するには、別の解説書にゆだねる必要があります。ここではざっくりとシーソーのようなイメージをもってこの数式を眺めてください。片方に位置、片方に速度（あるいは運動量）があり、その量子的ゆらぎがバランスをとっています（図2－2）。シーソーが下に降りるときが、「確定する」あるいは「決まる」に対応しています。ギコバッタンと「位置」と「速度」の2人が、「決まるか決まらないか」のシーソーで遊んでいるのです。

量子論では、「運動量」がこれまでにない意味をもって登場することが大きなポイントです。「物理量の本質とは何なのか」ということを語りかけてきます。といっても難しいですよね。物理学者でさえ、この真の意味を理解している人は実は1人もいないかもしれません。もちろん表面的には、論理的な説明ができますが、いったい自然界がなぜそんな数式の論理を気にし

図2-2-2　不確定性関係
どちらかが決まると、どちらかが決まらない

てふるまっているのか、突き詰めていくと量子論は専門家こそ、その深い穴へと落ちていってしまう、魅惑のミステリーゾーンといえます。

大学化学では、量子力学という授業がありますが、物理学科の学生が学ぶものよりももっと実用レベルに近いものになっています。なぜそうなるかに長い時間を割いて授業をする物理学科の量子力学とは異なり、化学科の量子力学では、まずこの不確定性原理をスタート地点にする教科書が多いようです。だからこそこの数式が、量子力学の原理と呼ばれる所以です。

これらを学んだ化学者が、新薬開発などに携わるのですから、現代の化学分野において量子力学は必須のものです。またこの不確定性関係から、電子が同じ状態に1つしか入れないという「パウリの排他律」が出てきます。電子同士であれば斥力として働き、「電子の縮退圧」ともいいます。

これが役に立っている天体として、白色矮星《わいせい》があります。これは太陽程度の星が死んだあとにできる、いわば死の星です。大きさが地球サイズにまで圧縮されているため、内部はまさにこの電子の縮退圧によって支えられているのです。似たような天体に、中性子星があります。この場合、内部は中性子の縮退圧に支えられています。日常とは縁遠い世界ですが、宇宙では天体の死の状態を支えて役立っている、それがこの数式といえます。

不確定性原理は、１９２７年にドイツ人のヴェルナー・ハイゼンベルク博士によって導かれました。彼もこれら量子論への貢献で、１９３２年、なんと31歳の若さでノーベル物理学賞を受賞します。続く翌年には、エルヴィン・シュレディンガー、ポール・ディラックが受賞します。一般に、量子論は、これら複数の科学者たちの貢献によって生み出されたといいますが、もしも創始者を１人あげなさいと言われると、歴史的にはハイゼンベルクだといえそうです。量子論の生みの父と呼べる存在でしょうね。

彼も発見したときの興奮を次のように述べています。

「あれは午前３時のことだった。量子力学を誕生させた数式を解いた私は、動揺が隠せなかった。もはや再び、眠ることはできず、私は外へ出て、岩の上で朝日が昇るのを見た」

これまでと同じ日々の朝日ではなく、人類が初めて見た新たな世界への、夜明けとなる光を彼は感じたことでしょう。

最後にファンのみなさんへ一言

あなたがいくら求めても、シーソーのような乙女心は、いつも不確定！

3
すべてのものは粒であり波である
ド・ブロイの式

数式

$$\lambda = \frac{h}{p}$$

読み方

ラムダ　イコール　p分のh

なぞってみよう

$$\lambda = \frac{h}{p}$$

誰も信じられなかった「物質波」

この数式は、「波と粒子という2面性」をたったの3文字だけで表しています。

λは波の特徴である波長、pは粒子の特徴である運動量です。どういう意味の式かというと、単純明快、どんな物質も「運動量pが、波長λの波に変換される」ことを意味しています。そしてこの変換も、量子論の重要キャラであるプランク定数hが決めています。

「粒子は、同時に波である」を表した数式なのです。

これまで、波という性質は、光や水といった特殊な物質がもつ限られたものだと信じられてきました。当時は、電子などはただの粒子だと思われていました。ニュートン力学に登場した粒子が、まさか、波の性質も兼ね備えているとは、誰も思わなかったのです。しかし電子は波の性質ももっていることがわかってきます。さらにこの数式が語っているのは、もっと意味が深いものです。それは運動量をもつ「すべての物体は、必ず波の性質をもつ」といっていることです。電子や一部の特別な粒子だけが、波の性質をもっているのではなく、「すべての物体」が対象というのがこの数式がもつスケールの大きさを意味します。この波を「物質波」ということもあります。

こんな単純な数式は、実はそれぞれの単位を知っていれば、高校生でも導くことができます。

しかし、こんな関係式が自然界の真実とは、誰も信じていませんでした。すべての物質から波として物質波が出てくるなんて。私もこれを習ったとき、「体から物質波が出ている？」そんな少年格闘漫画に登場しそうな妄想をしてしまったくらいです。実際は、すべての物体なのでもちろん体からも出ていると解釈して問題なかったのです。でもにわかには信じがたいことです。そんなぶっ飛んだアイデアを最初に提唱したのは、フランス人物理学者のルイ・ド・ブロイ博士です。彼は、博士論文として１９２４年にソルボンヌ大学にこれを提出しました。当時の教官も、その真意が全く理解できず、アインシュタインに手紙で意見を求めます。

するとアインシュタインは、

ルイ・ド・ブロイ

「この青年は、博士号はおろかノーベル賞に値する」

と簡潔に返信をしたといいます。予言通り、その５年後の１９２９年に、見事にノーベル物理学賞を得るのです。素人には、ただの３つの文字にしか見えないこの数式が、この世の真実を雄弁に語っているのです。世のすべての物質は「波」と「粒子」という2面性を必ずもっているということです。短い文字で伝えられる衝撃の真実は、まるで昔の電報のようです。

「タイヘン、コノヨハ、ツブトナミ」、このメッセージの重みが伝わっていればド・ブロイ博士もきっと満足でしょう。

驚くほど単純な式

この数式の魅力は、「簡易さと大胆さ」にあります。

「えっ、こんな単純な式でいいの？」という、ちょっと物理を知っている人なら口をあけてしまうほど、低レベルに見えてしまう簡単な式なのです。私もこんなラッキーな発見をして人類の偉業と呼ばれてしまうこともあるのかと、習った当時はビックリしました。しかし、この数式が意味する大胆さをかみしめられるようになると、実に神々しく輝いてきます。

彼の発見が生まれた時代背景を説明すると、その当時いくつか波動性と粒子性という2つを兼ね備えた現象が見つかっていました。常人なら、せいぜいこれらの現象だけにかぎった話だけで済ませてしまうでしょう。しかし彼は、すべての物質が実はそうなのでは？　とあまりに大胆に、世界観を拡張してみせるのです。言い方が適切かわかりませんが、まるで手品師が町ごと消してしまうダイナミックなイリュージョンを目の当たりにした気分です。

中高の化学では、水素原子のモデルが出てきます。そこには原子核という中心のまわりをまわる電子もあります。そこではあたかもレールの上をまわる電車のように、電子が描かれてい

話題の本

国民の底意地の悪さが、日本経済低迷の元凶

加谷珪一

ディスり、バッシング、誹謗中傷……

性《しょう》悪《わる》ニッポン、いつまで続ける？

他の先進国が消費を拡大する中、なぜ日本だけが沈み続けるのか――原因は「日本人の性格」だった。かつて輸出主導で我が世の春を謳歌《おうか》した日本。だが、自己陶酔《とうすい》した「思いやり」「絆《きずな》」の像《イメージ》とは裏腹に、猜疑《さいぎ》心《しん》が強い国民の隠れた本性が、「失われた30年」で明らかになった。本書は日本人の消費マインドが萎縮《いしゅく》する現状を分析、数多《あまた》のデータから解決策を提示する。

「自分自身に満足している」若者の割合、10.4％で米国の5分の1以下／仕事に対する自信、日本はインドより3割も低い／日本の半導体産業が壊滅した原因は「傲慢さ」／日本人は新しいテクノロジーに否定から入る／「幸せ＝お金」と考える日本人は英独より6割多い／米中と比べて「自分が損しても相手を陥れたい」と考える傾向が強い／「コロナ感染は自業自得」と考える日本人は米国の10倍　…ほか

●990円

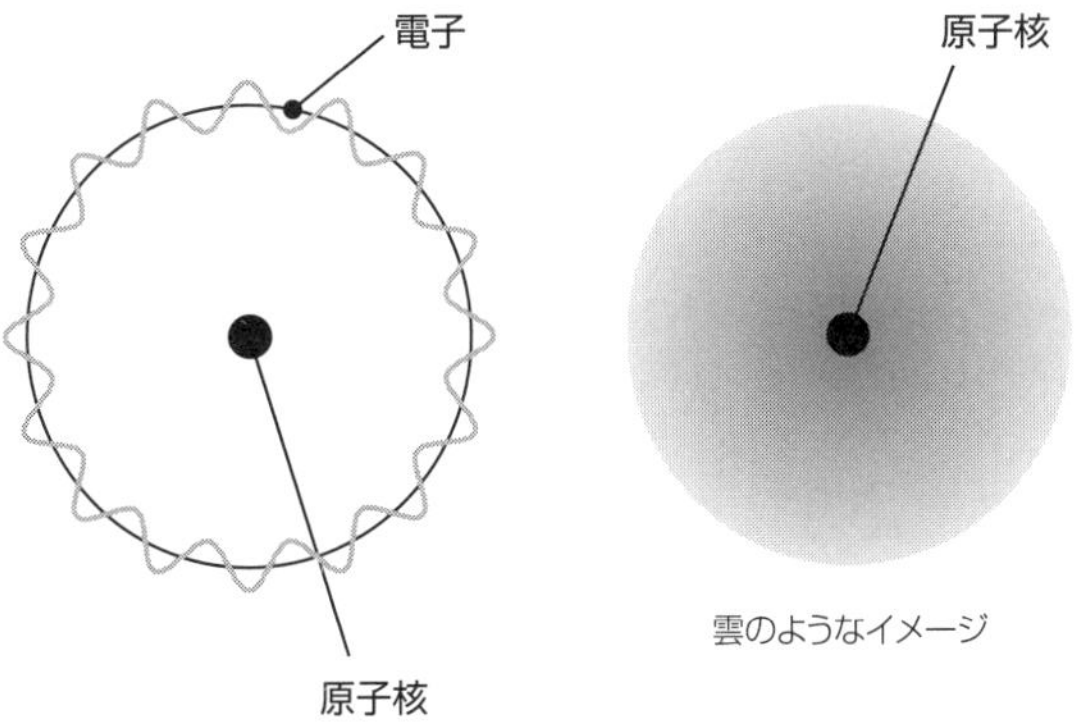

図2-3-1　電子の存在のしかた

ます（図2－3－1）。これもこの2面性をもってアップグレードすると、右側の図のようになります。電子は、波として原子核のまわりに、まるで霧状の雲のようにぼんやりと広がった状態で存在しています。

一方で左側の図のように、「波のように上下をして、円運動しているだけ」と誤解されることも多いです。もちろんそうではありません。1つの粒子は、同時に別の場所にも存在し、右側の図のように「のっぺりと広がっている状態」というのが、文章で表現できる原子核まわりの電子の量子論的イメージです。そしてこの雲のようなモヤモヤの1か所を観測すると、一気に雲が晴れて、ある場所に1つの電子として粒子的な姿を現します。この2つのイメージ図があわさって初めて、本当の電子の姿がビジュアル化されるのです。いやー、書いていて伝わるか不安になります、それが量子論なのです。

この数式も、不確定性原理と似ていて、量子論の根本に関わっています。

「すべては、粒子であり、波である」とは、まるで洒落た詩の一節のようです。

将来の技術として、「量子コンピュータ」や「量子テレポーテーション」があります。もし現実に利用できる日がくれば、その恩恵はこの数式に行き着くともいえますね。どちらも、物質が単に粒子性だけでなく、「波動性を同時に兼ね備えていること」が原理に関わっています。量子テレポーテーションが叶えば、SF映画で登場する、転送装置も夢ではないかもしれません。現実は、まだ原子程度の物質を転送できる程度です。

またNASAも量子転送に取り組んでおり、光子を40㎞先へ転送することに成功したというニュースもありました。こういった技術の躍進が近い将来、あなたの生活に劇的な進歩をもたらす日がくるかもしれませんね。実現されればまさにイリュージョンです。

シュレディンガーへのバトン

ド・ブロイ博士は、名門の貴族の家に生まれます。彼の一族は、フランス首相にもなった人物も含め数多くの有名人を輩出しており、まさに名門家の名に恥じない出身です。第一次世界大戦に従軍していた際には、電波技師としてエッフェル塔勤務だったようです。もちろん本人の心境は違うでしょうが、彼の優雅なたたずまいと表情を見ていると、戦時下であっても、エッフェル塔からパリの街を眺めているような余裕を感じずにはいられません。そんな中１９０５年に、アインシュタインによって、光電効果が説明されます。これが「光が、波だけでなく、光子という粒子でもある」という、「ド・ブロイ式」の着想の原点となります。

さらに大学へ進み、博士論文として、この数式を世に発表する前の年、１９２３年には、コンプトン効果が発表されます。これは電子がＸ線によって散乱する現象であり、光が光子であるという、光量子仮説を支持しています。

そこで彼は、「逆に電子のような物質も波動性をもつのでは」と逆転の発想をするわけです。この「逆に」という大胆極まりない発想から、のちにシュレディンガーの「波動力学」の幕が上がっていくのです。もっとも少ない文字を使った式で、これほど劇的に世界を変化させたことは、まさにイリュージョンです！　この数式アイドルは、バラエティで引っ張りだこでしょう。

最後にファンのみなさんへ一言

3つの文字で世界を変えちゃうわよ〜、3、2、1、イリュージョン！

4

猫は半分生きていて、半分死んでいる

シュレディンガー方程式

数式

$$i\frac{h}{2\pi}\frac{\partial}{\partial t}\psi=\left[-\frac{h^2}{8\pi^2 m}\nabla^2+V\right]\psi$$

読み方

アイ　2パイ分のh デル プサイ デルt　イコール

かっこ マイナス8パイ2乗m分のh2乗

ナブラ2乗プラス　V　かっこ閉じ　プサイ

なぞってみよう

$$i\frac{h}{2\pi}\frac{\partial}{\partial t}\psi=\left[-\frac{h^2}{8\pi^2 m}\nabla^2+V\right]\psi$$

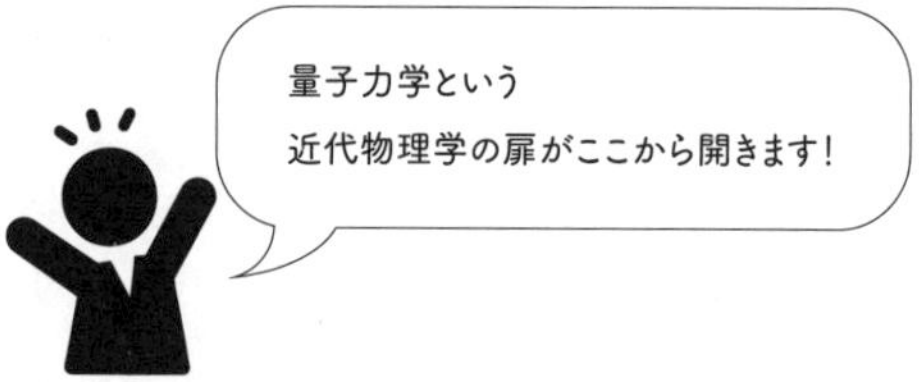

確率論的に未来が決まる方程式

量子論の数式としては、このシュレディンガー方程式が、ご本尊のような中心的存在です。彼の名前は、猫のたとえでよくテレビにも登場するほど有名です。

少し形は違っていますが、これは波動方程式の性質をもっており、波動関数とも呼ばれます。もともとシュレディンガーも、この式から、量子力学という壮大な新しい物理学の幕が上がるとまで思っていなかったのかもしれません。さきほどのド・ブロイの物質波に影響され、波動力学という新しい力学の定義をするために考案しました。それが、原子のような、いわゆる量子の世界を切り開く第一歩だったのです。今にして自然界を見直すと、すべての現象は、ニュートンなどの古典論が半分、さらに半分はこの量子論という奇妙で、直感に反する世界が、本当の自然界の正体だったとわかるのです。

ざっくりとこの数式を説明すると、まずhは、これまで登場した量子世界の基準ともいうべきプランク定数です。この物理定数によって、エネルギーはとびとびの値をとり、粒子の位置は不確定となり波の性質も同時に兼ね備えているという量子論の世界が、繰り広げられてきました。

さて数式を眺めてみると、左辺は、時間変化を表します。つまり次の時刻においてどのよう

猫を毒ガスが出る確率50%の箱に入れたら、
その生死は観測するまで決まらない。

図2-4-1　思考実験「シュレディンガーの猫」

にψが変化するかをいっています。ψは波動関数と呼ばれているものですが、それがそもそも何なのかも言っていませんし、時間発展を表すわりには奇妙に虚数のiもかかっており、ψは実数ですらありません。右辺ですが、かっこの中は、全体でざっくりとエネルギーを表しています。素粒子と呼ばれるミクロな物体が次の時刻にどのようにふるまうかが決定する、それがこの数式なのです。

さてこの波動関数ψの表記には別の形があります。

そもそも波動とはなにかと問いを投げかけたくなる用語です。たとえばこれまでは物体の位置xが時間でどのように変化するかを予言していました。これは現実的な力をきちんと考慮し、現実的な設定をすべて組み込めば、100%の確率で物体のふるまうことを決定することを意味していました。これを決定論ということもあります。

それに対して、量子論の世界では、次の時刻にどこにいるかを１００％決める手段がありません。あくまで「何％の確率で、ここにいる可能性がある」ということしか予言できないのです。つまり確率論的に未来が決まる方程式ということができます。人間の行動などを考えると、直感的にはむしろこういったことがあってよさそうですが、これは電子や原子といった意思のない物体においての話で、それこそが物体の本質であるといっているのです。

前にラプラスの悪魔を紹介しましたが、それがまさにここでの決定論的未来のことを語っています。これまでは支配する数式を見つければ、それにしたがって、物体の未来の運動を予言することができました。つまり宇宙も含め、未来のすべての事象を、確定的に知り得る「悪魔」なる全知全能者が存在することになります。しかし量子論の出現により、物質であってもそうはならないことを示しています。

さてある粒子がどこにいるかを知るときには、波動関数（ａ式）に左から（ｂ式）をかけてあげる必要があります（図２－４－２）。これを物理用語では、

「波動関数ケットにブラを左からかける」といいます。

みなさんが連想するものでは決してありませんので、あくまで物理用語です。

a式 $$\psi = |\psi(t)\rangle$$

波動関数　ケット

b式 $$\langle x|$$

ブラ

c式 $$\psi(x, t) = \langle x|\psi\rangle$$

ブラケット

図2-4-2

波動関数ψは、正確には右にとがった形のケットで表記されます（a式）。そして相方には左にとがったブラ（b式）があります。歴史的には、この記法はディラックが考案したようですが、なぜこんな名前になったのかはわかりません。いずれにしても、思わぬ専門用語にへんてこな響きのものがあるということは、意外によくあることです。とにかく、ケットにはブラをかけてワンセットです。

最終的に、c式のような片割れずつが合体して、初めて現実的な「確率的にどこにいる」といった意味を成します（c式）。通常は、この式を2乗して存在確率を計算します。これによって虚数を含む複素数であっても、最終的に実数の数値として出てくる仕組みになっています。こういった意味で、ψは、確率振幅に関係する波動関数を表しています。

確率的存在というのは、さきほどの「シュレディンガーの猫」としても有名な話で、「猫は50％は死んでもいるし、50％は生きてもいる」状態にあると、へんてこな状態になってしまいます。そんなへんてこな猫をかわいがる数式アイドル、それがシュレディンガー方程式なのかもしれません。

このテーマは、量子論の確率解釈という、現在も最終的には解決されていない謎を含んでいます。量子論に精通した物理学者であっても、このような深い量子論の神髄を最終的に理解している人はいないといっていいと思います。

現在は、数式にしたがってどのように計算すれば、素粒子のふるまいが説明できるという仕組みがあるだけで、このステージの裏でいったい、本当は何が起こっているのか、究極的にはブラックボックスの部分が残っているということです。

理解できるようでいて、量子論の本当の奥深い不思議さと神秘性が、依然として消えないことだけ頭に入れてもらえれば十分です。直感で理解しようとすればするほどドツボにはまっていく、そんな世界なのです。

量子論の幕あけ

この数式の魅力は、なんといってもこれが量子論の幕あけとなるということです。たしかにこれをそらで暗唱するのは、至難の業かもしれませんが、それだけの価値があります。この方程式は世界の半分を占める「波」という物体の本質的側面をとらえているからです。ド・ブロイの式で登場した「物体は、粒子であり、波である」とは、言うは易しですが、その意義は実に深いのです。もし世界征服をもくろんでいる方がいれば、この方程式こそまさに世界の半分を牛耳っているものです。ただちに暗記してください（笑）。

量子論は、現実に存在する「半導体」として、ほとんどの電子機器デバイスに用いられています。もちろん波動力学として、この分野が幾人もの科学者によって発展してきた当時は、そんなことは誰１人考えてきませんでした。理論の物理屋さんのお仕事は、まず法則を発見し、解明することであって、将来携帯電話に使えるぞ！　と現実に応用することを発想することではないのです。およそ１００年前のこの数式なしに、今のあなたのスマートな生活は一切存在しないといえるでしょう。

またシュレディンガー方程式は、大学で化学を専攻する学生にとっては必須のものです。おそらく多くの学生は、量子力学そのものは理解していなくても、まずはこの方程式ありきで、大学課程の化学は成り立っています。物理学科の学生も、この数式でまず水素原子を解きますが、この計算はノート10ページは必要なものです。次のヘリウムを解くことになると、手で解くには相当ハードルが上がります。そういった複数の原子や分子が組み合わさったものが、実際に用いられる薬剤の化学物質です。

新しい薬剤、化学物質を合成するなど先進的な研究に取り組む多くの化学者は、この方程式を実用レベルで用いて、原子・分子の状態を解析します。

たとえばコロナ禍でワクチンの開発が大きな課題となり注目されましたが、通常新薬などの開発には膨大な資金と年月がかかります。そして一番の課題が、化合物のどの部位をどのように変更すればよいかということをできるだけ試行回数を減らして達成したいという点です。新薬は何らかの既存の薬の一部を変更し、用いる場合があります。そのとき、この方程式を解くことで、新しい部位の結合性などの構造の多様性をあらかじめ計算によって試行しておくことが大事になります。

このような分子レベルの化合物の構造を解析する上で、化学者はこの方程式を基礎において います。「あなたのお薬を支える陰に、シュレディンガー方程式あり」といえるかもしれません。

物理学にも、女性にも愛された男

エルビン・シュレディンガーが波動力学としてこの数式を世に発表したのが、１９２６年頃です。この分野が黎明期の時代、多くの物理学者がこの基礎方程式を完璧な形で再現することに取り組んでいました。新しい物理の扉が今まさに開かれる、そんな機運が高まっていたのです。ハイゼンベルクもその１人で、彼は行列力学として提唱していました。

結果的に、シュレディンガーによって、彼の形式も数学的に同等であることが示されました。ノーベル物理学賞としては、それぞれ別の年に、まず１９３２年にハイゼンベルク、33年にシュレディンガーとディラックが受賞しています。これによって黎明期の量子論は、いったんの完成形となるのです。

もう１人、最初期にこの分野に着手していたのが、ニールス・ボーアです。彼はラザフォードの原子モデルにある種の欠点があることを見抜き、ボーアの原子模型というものを考案し、１９２２年にノーベル賞に輝いています。

現在では、高校物理にも登場するこの原子模型はいささか間違ったモデルとして知られていますが、結果は偶然的にもあっているという２重のミラクルを含んでいます。また余談ですが、彼の息子のオーゲ・ボーアも物理学の道に進み、１９７５年にノーベル賞を受賞しています。とんでもない親子ですよね。

ボーアの原子模型の詳細はここでは省きますが、簡単にいうと「なぜ電子は原子に落ちていかないのか」ということを考えたのです。これはまたマクスウェル方程式として電磁気学のところで触れます。彼が考えた大事な仮定が、マックス・プランクの量子仮説というものです。プランク定数のプランク博士です。彼がミクロな粒子のエネルギーを司るプランク定数hというものを導入し、それを用いたボーアが水素の原子模型を提案しました。そしてこのボーアモデルから、2人の天才が、最終的に洗練された基礎方程式として、量子論はこの世に誕生したのです。シュレディンガーとディラックです。

そんな革命的な式によって量子論の世界を切り開いたシュレディンガーですが、私生活でも実に興味深いものがあります。ネットで写真を調べてみると、一見めちゃくちゃハンサムというわけではありませんが、シュッとした顔立ちと少しアンニュイで魅惑的な瞳をしています。

若い頃のシュレディンガー

物理以外にも、東洋哲学にも強い関心をもっており、ヒンズー教のヴェーダーンタ哲学にも強い影響を受け、量子力学の根底にもこのような東洋哲学の諸原理が見受けられると『精神と物質』で語っています。ほかにも『生命とは何か』という本では生物と物理という遠い世界をつないでみるなど、実にその好奇心は幅広く、人間的魅力にあふれています。

そのためかは不明ですが、そうとうモテモテだったようで、婚外子が3人もいるという浮名を流した人物です。文学の太宰治のような、女性がどこか惹かれてしまう魅力があったのかもしれません。これは都市伝説ですが、シュレディンガー方程式が浮かんだときも、別荘で愛人と過ごしていたとか。歴史上、「英雄、色を好む」といいますが、こと科学においても例外ではないかもしれません。

かのアインシュタインも実にお盛んであったという噂があったり、リチャード・ファインマンというアメリカのノーベル賞受賞物理学者も、毎週のように別の彼女がいたという色を好む性格だったようです。科学者とは善なる人という教育的側面があるので、あまりこういった面を掘り下げるような資料がありませんが、考えてみれば、好奇心の固まりである彼らが、数式以外に心が惹かれないわけがないでしょう。むしろ人間味があって、私はかっこいいとも思ってしまいます。実に魅力的なシュレディンガー、興味がわいた方は、ぜひ彼の写真をもう一度眺めてみてください。

最後にファンのみなさんへ一言

この式のhを見つけてね。ここに量子論の神秘が込められているわよ！

5
素粒子がスピンをもっていると示した
ディラック方程式

数式

$$i\gamma^{\mu}\partial_{\mu}\psi = m\psi$$

読み方

アイ ガンマ ミュー　デルミュー プサイ
イコール　mプサイ

なぞってみよう

$$i\gamma^{\mu}\partial_{\mu}\psi = m\psi$$

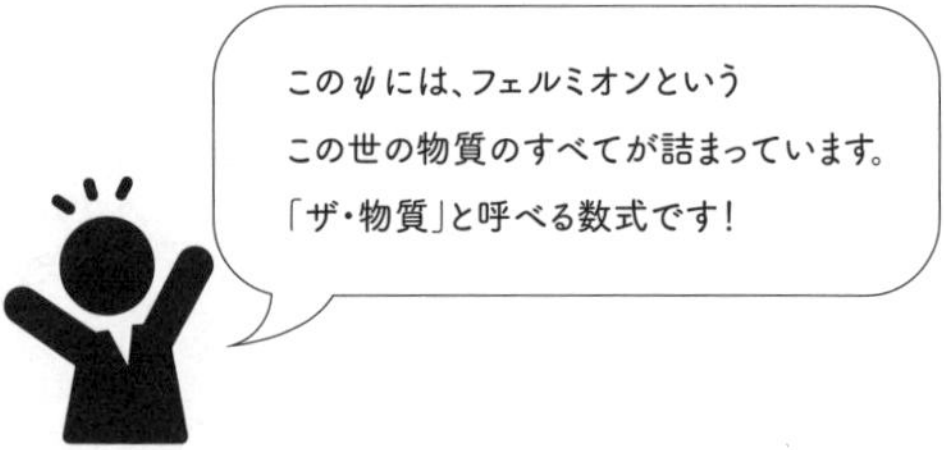

ついに「場」を量子論で表した

ディラック方程式は、量子力学構築に貢献し、シュレディンガーと同年にノーベル賞を受賞したポール・ディラック博士に由来します。

シュレディンガー方程式が、初期の量子論の完成形だとすると、この数式は、後期の量子論というべき「場の量子論」へとつながる第一歩なのです。この「場の量子論」では、1章で出てきた「場（舞台装置）」を、粒子や波といった量子論の世界で表しています。ただし、ここではあまり立ち入らないことにします。いずれにしてもディラック方程式までたどり着くと、目標の山の頂が見えてきます。これまで何度もつまずいてきたでしょうが、ようやく山登りも終盤といったところです。

γはガンマ行列と呼ばれ、4×4の行列になっています。このため波動関数ψも4つの成分をもっています。アインシュタイン方程式の$\mu\nu$のような状態です。ここでψは、フェルミオンという素粒子を表します。

この世に存在する物質は、クォークや電子を総称したフェルミオンと呼ばれる素粒子で構成されています。その意味でこの数式は、まさに「この世に存在するすべての物質を構成する素粒子が従う数式」といえます。mはその素粒子の質量です。この数式の出発点は、シュレディ

$$(i\not\partial - m)\psi = 0$$

素粒子の質量

図2-5-1　簡略化したディラック方程式

ンガー方程式であり、それをより洗練したという経緯があります。しかしその意味するところは、シュレディンガー方程式以上に雄弁に素粒子の特性を語っています。

数式の別の形があります（図2－5－1）。これはガンマ行列と微分部分を略した形です。スラッシュという斜め線で表記するのが一般的です。ここまでシンプルにすると、覚えるのも容易なはずです。こちらを書いたほうが、「少しプロっぽい」と思わせられます。

2章冒頭の標準理論の式でも、このスラッシュが出ていましたので、チェックしてみてください。

半導体の基礎として

この数式の魅力は、なんといっても「スピン」という量子論特有の性質が出てくるところです。惑星が自転をするように、素粒子もコマのようにスピンという回転運動のようなものをしています。しかしこの説明は、本当はあまりよくありません。素粒子を、なにか丸い球体のように想像して、惑星の回転に安易にたとえて満足してしまうリスクがあるからです。前にも注意しましたが、量子論の世界は、私たちの頭でイメージできるほど簡単な世界ではありません。

素粒子も、量子論の視点で見ると、点であるし、広がった雲のような霧状のものでもあります。これが粒子性と波動性という2面性をもっているというイメージです。そのため「球が回転している」のが「スピン」とはいえません。正確には、角運動量という物理用語に対応していますが、この量子化された特別な量として登場するのがスピンです。だから素粒子がもつ固有の性質がスピンであると言い切ったほうが正しいし、シンプルです。フェルミオンは1つのエネルギー状態に、スピンとしてアップとダウンの2通りしかとれません。スピンには値があって、アップは＋1／2、ダウンは－1／2という値になっています。同じ状態を別の素粒子がとろうとした場合、それは「パウリの排他律」といって許されません。こんな特殊な性質を、単に球を回転することで説明するには無理があります。

とにかく、この数式によって、素粒子のスピンと新たな性質が顔を見せたのでした。中学・高校の化学で、周期表の勉強をしているとき、ある原子のまわりの電子の配置というのを学んだと思います。K殻、L殻、M殻と内側から順番に電子が入る位置が決まっているというものです。水素では、1個の電子、ヘリウムではK殻が2個の電子で埋まり安定します。ここで、スピンの自由度を考えると、仮にK殻に電子が1個の水素であっても、電子がアップなのかダウンなのかで2種類存在することがわかります。

これに関係するのが、水素の「超微細構造」という現象です。実に普遍的な現象であり、この現象によって21㎝の波長をもつ光が出てきます。1972年に打ち上げられた惑星探査機パイオニア号には、金属のメッセージプレートに、宇宙人に地球の長さ単位を説明する目的で、この水素の超微細構造の図が描かれています。ここまで知っていないとメッセージプレートを読み解けないのですから、インテリな宇宙人以外の方に届いても、無視されてしまうかもしれません。

現在のすべての電子機器に用いられている半導体ですが、その基礎は、電子の量子論的運動です。この数式、さらに電磁場と結合した式がそれらを記述しています。それによって、シリコンなどの結晶中での動ける電子に制限がつき、あるエネルギーギャップをもつことが示されます。つまり電子が流れない状態から、あるエネルギーをかけることで、再び電子を流すことができるようになる素材をつくることができます。電子が自由に流れている金属などの導体と、ゴムのような絶縁体との中間の性質を示すので、半導体といいます。

これらを組み合わせると、ダイオードという一方向にしか電流が流れない素子や、トランジスタという電流の増幅作用をもつ素子をつくることができるのです。これが小さくても実に複雑で応用力をもった回路を製作できるポイントです。こういった半導体素子をつないだものを集積回路といって、多くの電子デバイスに用いられています。ディラックもまさか未来でこんな応用に役立つとは夢にも思わなかったはずです。

座右の銘は、「法則は数学的に美しくなければならない」

ディラック方程式発見のドラマは、少し学術的な道筋でした。

まずシュレディンガー方程式は基本、光に比べてゆっくりした運動をする素粒子を想定しているので、高速度である相対論とはもともと相性があまりよくありません。このため、高速度で運動する素粒子を記述できるように、相対論化させたものが考案されました。これがクライン・ゴルドン方程式というものです。シュレディンガー方程式は、空間微分は2回でしたが、時間だけ微分が1回の形でした。そこで時間微分も2回に改良したものが後者です。相対論は、時間と空間を平等に扱う理論なので、これで特殊相対性理論の要望を満たすことができるという仕組みです。しかし、クライン・ゴルドン方程式のままでは、ス

ポール・ディラック
Credit : Nobel Foundation

ピンという素粒子特有の性質が出てきません。そこでディラックは、この2階微分の方程式を、空間も時間も1回でそろえることを試みます。なぜそのような形にすることにこだわったのかというと、学術的理由もあるのですが、彼の美的センスも大きかったように思うのです。彼の座右の銘として、「法則は数学的に美しくなければならない」というものがあります。

もともとのシュレディンガー方程式を、数学的に洗練するために、この形を模索したという背景があります。自分が見出すべき式は、2乗すると、クライン・ゴルドン方程式に一致するものだと、その指針を決めます。そしてこれらの要請を満たすようにして、この世に誕生したのが、ディラック方程式なのです。

結果的に、この方程式から自然にスピンが導かれ、さらにおまけとして、負のエネルギーをもつ反粒子も出てきます。またこの反粒子が時間を逆向きに進むと解釈できることが後にわかります。ディラックはこの負のエネルギーをもつ粒子がこの世に存在していないことの理由として、「ディラックの海」という概念を導入します。真空がこの負のエネルギーをもつ粒子で満たされているという考えです。

「ディラックの海」は「エヴァンゲリオン」シリーズにも、主人公が捕らわれた空間として登場します。現在では、このディラックの海は、概念として用いられておらず、場の量子論の完成によって過去のものになっています。

しかしこの反粒子は、のちに陽電子として見つかることになります。勝手に式から出てきたものが、実在の世界に突如現れたのです。それは式の発見者、ディラックさえ全く予想しない形で。数式が、発見者の意図も超えて世の新たな真理を勝手に語っているさまが、垣間見えたでしょうか。

ディラック方程式は、自由電子のような電磁場と結合していない状態の電子が従う式です。この状態を扱えるように発展させていくのが、後期の量子論ともいえる量子電磁気学です。この分野に貢献した人物としてファインマンがいます。日本人の朝永振一郎《ともながしんいちろう》もその1人で、1965年にジュリアン・シュウィンガーと3人でノーベル賞を受賞しました。こうして量子論は、場の量子論へ、さらに高みへと昇っていくのです。そして、強い力、弱い力という原子を構成する素粒子力も、このディラック方程式と同じ形にまとまることがわかり、晴れて電磁気学、強い力、弱い力の3つは、標準理論の式として同じ形に統一されるのです。

色恋沙汰が多かったといわれるシュレディンガーやファインマンに対して、ディラックはまさにいわゆる寡黙なステレオタイプの学者だったようです。知人の顔にもあまり興味がなく、しばし見分けることができなかったようです。また会話も単純なイエスノーだけで返答したという話もあります。1つファインマンとディラックが邂逅《かいこう》した逸話を紹介します。

それはディラックが、初めてアメリカのファインマンのもとを訪れたときのことです。2人は出会ってからも挨拶1つせず、お互い非常に長い沈黙の時間を過ごしたそうです。そして、おもむろにディラックがゆっくりと、一言こう切り出したといわれています。

「本日、1つの方程式を持参致しました」

なにか懐から、風呂敷に包まれた大切な宝物でも取り出すかのようなセリフ。彼にとって、たわいもない挨拶なんかどうでもいいのです。それよりももってきたこの数式こそ、実に丁重に扱うべき代物であり、洗練され結晶化されたその姿を早くお目にかけたいという童心のような切実な想いがにじみ出てしまったのです。数式アイドルにたとえるなら、ディラック方程式は、さしずめ異次元の美しさを誇る革命的美少女であり、決して傷つけてはならない禁断の宝のようなアイドルなのかもしれません。

最後にファンのみなさんへ一言

数式は美しくなくちゃアイドルじゃない！

6
標準理論の数式

再び

数式

$$\underbrace{-g_1\bar{\psi}\not{B}\psi-\frac{1}{4}B^{\mu\nu}B_{\mu\nu}}_{\text{電磁気力}}\underbrace{-g_2\bar{\psi}\not{G}\psi-\frac{1}{4}G^{\mu\nu}G_{\mu\nu}}_{\text{強い力}}$$

$$\underbrace{-g_3\bar{\psi}\not{W}\psi-\frac{1}{4}W^{\mu\nu}W_{\mu\nu}}_{\text{弱い力}}+\underbrace{\frac{1}{16\pi G}(R-\Lambda)}_{\text{重力}}$$

読み方

マイナスg1 プサイバー Bスラッシュ プサイ マイナス4分の1

Bミューニューbミューニュー

マイナスg2 プサイバー Gスラッシュ プサイ マイナス4分の1

GミューニューGミューニュー

マイナスg3 プサイバー Wスラッシュ プサイ マイナス4分の1

WミューニューWミューニュー

プラス16パイ G分の1　Rマイナス ラムダ

なぞってみよう

$$-g_1\bar{\psi}\not{B}\psi-\frac{1}{4}B^{\mu\nu}B_{\mu\nu}-g_2\bar{\psi}\not{G}\psi-\frac{1}{4}G^{\mu\nu}G_{\mu\nu}$$

$$-g_3\bar{\psi}\not{W}\psi-\frac{1}{4}W^{\mu\nu}W_{\mu\nu}+\frac{1}{16\pi G}(R-\Lambda)$$

「私たちが存在すること」を裏づけている

この数式の形は、2章の冒頭で紹介しました。もう一度おさらいをすると、自然界の4つの力を記述しています。式の形だけを見ると、素粒子的な描像で説明できる最初の3つの力（電磁気力、強い力、弱い力）が非常に似た形をしていることがわかります。それらは単にいくつかの文字が置き換わっているだけです。

1つ目の電磁気力では、Bが光子、2つ目の強い力では、Gがグルーオン、3つ目の弱い力では、WがWボソンおよびZボソンを表しています。これらはいずれも力を伝えるための媒介粒子で実在します。各段に2つの項があるのは、1章で説明した、運動方程式と場の方程式にあたるものです。舞台上で踊る踊り子と、舞台そのものです。

まず第1項目が、運動方程式のようなもので、これがさきほどのディラック方程式になります。そして2項目は、場の方程式にあたり、電磁場なら電磁場の方程式、つまりこれはあとで登場するマクスウェル方程式になります。ここで「なります」といっているのは、このままでは、方程式になっていないからです。ラグランジアンと呼ばれる量をまとめて書いてあるだけで、変分という操作をして初めて「方程式が出てくる」のであり、現状はいわば料理として出る前の「メニュー」にあたるからです。ですが詳しいことは省きましょう。各段がそれぞれ4

つの力に対応しているのがイメージできれば、それだけで価値のある数式です。
重力だけが変な形をしているのは、重力を伝える媒介粒子があるかは今のところ不明だからです。現在のところこの形でまとめるのが、もっともシンプルで現実を記述しているものになっています。４つ目の最後にΛがありますが、これはアインシュタイン方程式で登場した宇宙定数です。観測的にその存在がほぼ確定しているので、加えておきました。ここまでが、現在の人類の叡智の数式です。

重力以外の３つの力に関しては、量子論的に統一されており、これまで出てきたディラック方程式を「場の量子論」という手法で記述すると、最終的にこのようになります。これが現代物理学を最高の1本にまとめ上げた集大成の数式であり、素粒子論と宇宙論をあわせた標準理論の式になっています。

自然界４つの力がここまできれいな形で結晶化されているさまを眺めてみてください。とくに重力以外の３つの力は、ほぼ統一されており、このそろって整っている形がそれを物語っています。もし後世に残せる数式が1本しか選べないとするならば、おそらく多くの物理学者がこれを選ぶのではないでしょうか。物理学者に大人気の数式ちゃんです。みなさんにも、この山の頂の絶景がご覧いただけているでしょうか。

世の中を支配している４つの力がすべて入っている数式なので、もちろんあなた自身が今こここに存在していることも、この数式の遠い恩恵だといえなくもないのです。ここに登場する結合定数g_1、g_2、g_3、Gはそれぞれの力の大きさを決定しており、それらのうち少しでも値が異なるものになっていたら、原子は存在できず、言わずもがなあなたも登場してきません。

ちょっと反則的で、いささか哲学チックないいまわしですが、「もうすでにあなたがこの世に存在していること」を裏づけている数式といえるかもしれません。

この数式は、誰か1人の研究者の発見というタイプのものではなく、重力でいえばアインシュタイン、量子論でいえばディラックから場の量子論へと至る長い歴史の末の、最終形態です。だからこそ美しく洗練された形をしており、ある種の到達点にもなっています。

ＮＨＫスペシャルの番組『神の数式』では、重力以外のここに登場する3つの力に加えて、ヒッグス粒子の部分を入れて「神の数式」と呼んで特集していました。これまで数式を知らなかった人にとっても十分楽しめるエンターテインメントになっているので、ぜひ探してご覧になってください。ヒッグス粒子は、素粒子に質量を与える役割をもったものですが、いささか説明をするにも複雑で、数式もこれを入れるとさらに2行分必要になってしまうので、本書では省かせてもらいました。

最後にファンのみなさんへ一言

見て、全宇宙のレシピがここに勢ぞろいしているのよ！

7

これから人類が向かうべき極限の世界

プランク長

数式

$$l_p = \sqrt{\frac{\hbar G}{c^3}} \sim 10^{-35}\text{メートル}$$

読み方

エルp　イコール

ルートC3乗分のエイチバー G

なぞってみよう

$$l_p = \sqrt{\frac{\hbar G}{c^3}} \sim 10^{-35}\text{メートル}$$

この世でもっとも小さい単位

ここからは、人類がこの先向かうべき物理の究極世界を少しだけご紹介します。

物理定数というのは、物理全般に登場する普遍なものです。たとえば重力定数Gはその大きさが少しでも異なると、重力の大きさが変わり、宇宙で星ができなくなります。同様に、光速度cや、量子論のプランク定数hも、もしもそれらの値が今とわずかでも異なる値をとっていたなら、この世は全く異なる構造になってしまうほど根本に関わる量たちです。

量子論と相対論は現代物理学の2大柱になっており、これら3つの物理定数は、その土台のいわば骨組みといえます。そんな3つの定数をすべて使って組み合わせると、ある長さが登場します。それがこの「プランク長」l_pです。ここではhの代わりに2πで割ったエイチバーという記号を用いています。換算プランク定数、またはディラック定数とも呼ばれています。プランク長とは、値にして、約10のマイナス35乗メートルであり、この世でもっとも小さい単位といえます。宇宙はインフレーションという急激な加速膨張で広がってはじまると考えられていますが、その開始の大きさもこれです。これより小さいものは、現代物理学では扱えない、限界の大きさともいえます。究極の素粒子であるクォークが、10のマイナス18乗なので、いかに小さいかわかります。このスケールでの物理の予言こそが、今後、現代物理学が取り組んでいくべきいわば次の目標地点にあたります。登頂したと思ったら、遠くに別の高い頂が出現といったところです。より高みを目指す物理屋さんにとって、まさに最高峰エベレストにも似た魅惑の山。しかしこの頂への道のりはまさに過酷を極め、実現されれば自然界４つの力が統一できると信じられている究極世界なのです。

現在はもちろんまだ統一されていませんが、重力と量子力学の２つが融合された新たな力によってプランク長で何が起きるかがわかるかもしれません。プランク長は、現代物理学の「これから解明していくべき未開の領域」とイメージしてもらえれば十分です。

３つの物理定数を使って別の組み合わせをつくると、プランク質量や、プランク時間という、質量や時間バージョンのものが登場します。プランク質量は実は、それほど小さくありません。クォークの質量10のマイナス29乗kg程度に対して、約10のマイナス８乗kgです。しかしプランク時間は、プランク長と同様、現代物理学の時間の最小単位と考えられており、約10のマイナス44乗秒に相当します。連続だと思われていた時間にも本当にこのような最小単位が存在するのか、まだまだ解明されていない究極のテーマです。

この数式の魅力は、ほとんどすべてに関わるビップ扱いの重要定数が３つも勢ぞろいしている点です。４章で登場しますが、数学にオイラーの等式というのがあって、あれもπ、+1、0

が勢ぞろいしていますが、その物理学バージョンといったところです。もし各物理定数が、お笑い界のビートたけし、タモリ、明石家さんまであるとするならば、「ビッグ3」といわれているところです。しかし表しているのは、ビッグではなく、あくまで最小の長さですが。

数式を書いて貼って眺め続けた研究者

このプランク長自体は、プランク定数のマックス・プランク博士によって提唱されたといわれています。プランク定数hには名前のイニシャルが残りませんでしたが、プランク長の文字として、l_pのpはプランク博士の名前の頭文字です。現在でも統一理論を多くの研究者が模索していますが、その中で統一理論の候補として、ループ量子重力理論というものがあります。その主導的研究者であるカルロス・ロベリ博士は、このプランク長を紙に書いて、机の前に貼り常に眺めていたといいます。そして、「このスケールの世界とはいったい何なのだろう」と自問自答を日々、繰り返していたそうです。みなさんも書いて、眺めるだけでもなにかインスピレーションがわいてくるかもしれませんよ！

最後にファンのみなさんへ一言

オールスター勢ぞろいの究極の生ブロマイドがついに販売開始だよ！

第3章　光の数式

光速度の世界と、電磁気という身近な世界を支配する2つの理論

光速度の世界へようこそ

宇宙は、星が主役となっている世界であり、その存在を示すものは主に光しかありません。もしこの宇宙空間に光が飛んでいなかったら、私たちは真っ暗な世界で大地だけが世界のすべてであると認識することになるでしょう。光によって、数億年もかかるはるか遠い距離の情報が、我々に届くからこそ、「宇宙を知ること」ができるのです。光はまさに宇宙そのものを伝えるメッセンジャーなのです。

光が見ている世界を記述している理論が、アインシュタインの特殊相対性理論です。彼は四六時中、光の立場になって物事を整理し考え抜き、最終的に光こそが絶対の世界を脳内で描き切ります。事実、それは空想ではなく、宇宙という壮大な世界がまさにその現実的舞台だったのです。光が法律となるような世界が相対論であり、光はまさに自然界のジャイアンといえます。

そんな相対論と深いつながりがあるのが、電磁気学です。静電気に代表されるような電場、磁石で登場する磁場という2つが関わるすべての現象がこの分野の対象です。そして、電磁気学が最終段階に入った20世紀の初め、その本質が光であることがついに判明します。

光は、電気と磁気というものを伝播させる存在だとわかり、電磁波と呼ばれるようになります。電気、磁気、そして光の3つが絡み合うもの、それが電磁気学です。重力と同様にもっとも身近な現象であり、服の摩擦も、後年エジソンの発明に代表されるあなたの部屋で輝く照明器具もすべて、電磁気学なのです。これも光が深く関係する世界なので、3章では、この特殊相対性理論と電磁気学の理論を、「光の数式」としてご紹介していきたいと思います。

このグループのアイドルの特徴は、光に代表されるように、まさに「輝く素質」でしょう。光速度に近い状態で運動できるので、運動神経はきっと抜群。でもそれでいて1章の宇宙の数式のように遠い存在ではなく、あなたの身近にいる親近感がわくアイドルといえます。クラスに1人はいそうなアイドル、でもどこか光る素質をもっている原石。アイドル活動としては、バラエティに引っ張りだこで、ドラマ出演を果たす者や、舞台へと幅広い活躍をする者など、実に多才な顔ぶれでしょう。

特殊相対性理論

時間が遅れる、ものが縮む、光の世界

特殊相対性理論は、光に近い速度で物体が運動したときの世界を記述しています。これまでは、ニュートンの力学でも、基本的に運動の速度は、光に比べると遅く、せいぜいロケット程度までしか適応できません。ニュートンの時代の人たちは、光は物体の運動というくくりで説明できる存在ではないと考えていました。だから誰も光のように運動すると、なんて発想を抱くものはいませんでした。しかし若きアインシュタインにとっては、むしろそのことが世の中の何より気になってしまったようで、終始、光速度に近い速度で運動をするとどうなるかを思考実験していました。

もしも電車が光の速さになって、電車の中でライトを照らしたら、その光は2倍の光速度になるのだろうか、といった「もしも大喜利」のようなことを永遠妄想しています。ニュートンの時代の人なら、ただのおバカな発想と失笑されていたでしょう。

しかし、そこで彼だけが思考していた世界こそ、実は宇宙ではもっとも本質の世界だったとあとになってわかるのです。宇宙は光が支配する世界なので、光の本質を知らずして、宇宙、あるいは世界を理解することはできません。

結果的に、突拍子もない発想こそが、実は世界の理解にとってもっともな近道であったという例になっています。この相対論によって、光の立場から見た世界の本質が、次々と明らかになってきます。

時間が遅れたり、距離が縮んだり、単に不思議な世界が見えたということではなく、これまでの直感とは違うこの世界こそが物理学の本質であると、世界観そのものを1人の青年が変革させたのです。弱冠26歳が起こした、まさに奇跡のような物理革命といえる出来事でした。

物理学では、この1905年を奇跡の年と呼びます。しかしこのような革命も、宇宙を広く見ればどこかに存在する宇宙人の科学にとっては、当然、通過すべきただの1ステップにすぎないのも事実です。別に地球だけの特別な科学として発見したという奇跡ではなく、同じ宇宙を理解しようとする宇宙人ならば、相対論は誰でもいずれ到達して当然という、宇宙から見たら実に普遍的なものなのです。

相対論はこのように、光速度に近い運動をする世界を記述することが基本ですが、これは正確ではありません。別に光速度に比べて十分遅くても、理論自体は正しく記述されています。

ではニュートンの力学はいらないかというと、そうではなく包含関係になっています。ニュートン力学の外に相対論世界が広がっていて、速度が遅い場合は、きちんとニュートン力学になるようになっています。しかし日常の運動を調べるためには、ニュートン力学からスタートしたほうが圧倒的に便利です。相対論からスタートすると、遠回りの道筋をとらなくてはいけないからです。そのため、どちらも必要といえます。テリトリーの広い相対論はいわば万能な十徳ナイフですが、料理を食べるだけなら、最初からフォークのみを使ったほうがいいはずです。

特殊相対性理論が成立するために必要な条件としては、運動中、力が働かない状態である必要があります。これは速度が変化しない運動に相当します。

それさえ守っていれば成立する普遍的世界なので、特殊相対論は身近な世界の一部といえます。もちろん相対論の驚くべき効果が発揮されるのは、光速度に十分近い場合なので、数式ではvをcに近づけて、どんどん遅れてくる時間を感じることができるでしょう。

1
質量がエネルギーを生む
相対論的エネルギーの式

数式

$$E=\frac{mc^2}{\sqrt{1-\frac{v^2}{c^2}}}\simeq mc^2+\frac{mv^2}{2}$$

読み方

E　イコール

ルート1マイナスc2乗分のv2乗 分のmc2乗

なぞってみよう

$$E=\frac{mc^2}{\sqrt{1-\frac{v^2}{c^2}}}\simeq mc^2+\frac{mv^2}{2}$$

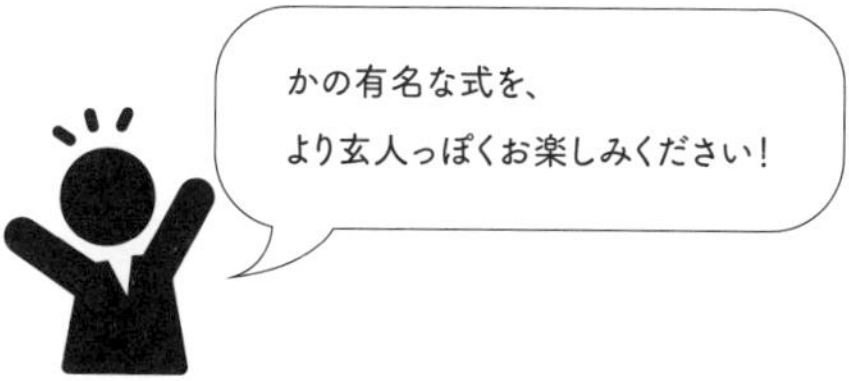

わずかな質量に、莫大なエネルギーが秘められている

アインシュタインの相対論と一言でいうと、2種類を総称したことになります。それは重力に関する一般相対性理論に対して、光速度の世界である特殊相対性理論の2つです。

ふつう特殊のほうが特別な場合を表すので、自然界の現象として登場するのは一部のような印象を与えてしまいます。しかし実際は、一般相対性理論よりも特殊相対性理論のほうが、素粒子も含め広く一般性があります。ややこしいですね。

特殊相対性理論が一般性をもつのは、速度をもって運動するあらゆる物体に当てはまるからです。ただし特殊相対性理論で扱える運動には制限があって、途中で速度を変化させる運動はダメです。それはニュートンの運動方程式でもみたように、速度が変化するとは、物体に力を加えたことを意味するからです。その場合には、重力などを扱う一般相対性理論のテリトリーということになります。特殊は、あくまで等速度で運動する、言い換えると、力が働かない場合の運動に関してのみ扱うことができます。

相対論でもっとも有名な数式が $E=mc^2$ でしょう。質量mに光速度cの2乗をかけると、エネルギーEに変わるというものです。「質量がエネルギーに変換できる」ことを表しています。光速度cは非常に大きな値なので、たとえ小さい質量であっても、そこから莫大なエネル

ギーが放出されます。これが、わずかな質量変化だけで都市を丸ごと一瞬で破壊できるエネルギーを解放させる、原爆の原理になっています。

しかしこの式、専門家からいうと実は式の一部分です。記事のいいところだけ切り取ったようなもので、正確な全体像がまさにこの数式なのです。ルートの部分が分母に余計にかかっているのがわかります。これが特殊相対性理論におけるエネルギーの正式版の数式なのです。

この数式を変形させると、みなさんが知っている形が自動的に出てきます。物体の速度vが光速度cに対して十分小さいとして、式を展開（近似といってもいい）すると、こうなります。

第1項目がおなじみmc^2であり、2項目は、運動エネルギーというものを表しています。1項目を質量エネルギーともいいます。もちろんこのエネルギーにはもっと続きがあるのですが、あくまで速度が十分小さい日常では、この2つだけということなのです。有名なあの数式は質量エネルギーだけのことを言っているごく一部であり、全体像を知ってもらえたら、ここではそれで十分です。

GPSから原発まで

この数式の魅力は、物体のあらゆるエネルギーを1本の数式にまとめている点でしょう。特殊相対性理論が発見されるまでは、エネルギーといえば運動エネルギーがその代表でした。まさか質量が、エネルギーの一形態であるとはわからなかったので、これは大きな発見でした。そのため、この数式を「質量とエネルギーの等価性」ともいいます。

この数式を近似することによって、これらが同時に自然と出てくる、そんなエレガントさを感じてもらえたら幸いです。これほど有名な数式なので、数式アイドルの選抜メンバーとしては、「センター」ポジションに起用されそうな気がします。質量をエネルギーに変えてしまう、そのインパクトに、各種企業がイメージガールとしてＣＭに起用したがっているとか。

特殊相対性理論は、光で情報を伝達している現在では多くの場面で役立っています。とくに半導体の集積回路でいえば、ＧＰＳ電波受信回路や、測位計算回路と呼ばれる部分がこの理論の補正を組み込んでいます。

アインシュタイン方程式のときに紹介したＧＰＳのずれも、正確には一般と特殊の両方の補正が必要だといえます。あなた自身が、たとえ光速度に近い速度で移動していなくても、電波をとばす側の衛星は、地球を90分で1周するほどの高速度で移動しているので、この数式の恩恵が絶対なのです。

また恩恵だけではない問題が、原発や原爆というテーマでしょう。これらはいずれも原子核の質量をエネルギーに変換して利用しているので、原理はおおざっぱにいえば同じです。近年は、原発さえも悲惨な事故が起きているので、一概に恩恵とひとくくりにしにくいですが、

(将来的にどうするかは別として) 人類の役に立っていることは間違いありませんね。

物理学における「奇跡の年」とは

アインシュタインが3つの偉業を世に発表した1905年は、物理学では「奇跡の年」と呼ばれています。その100年後を記念した2005年は「世界物理年」とも決められ、多くの記念の研究会が開催されました。それほど物理学に大きな影響を与えた業績とはいったいどんなものだったのでしょうか。

1つ目は量子論で登場した光電効果に関する論文です。彼のノーベル賞はこの業績に関してのものです。この発見が、2章のド・ブロイに大きな影響を与え、やがて量子論が誕生します。

2つ目はブラウン運動という、熱力学(エントロピー増大則)という4章で登場する話題です。これは熱運動の本質を見抜いたもので、実は現代物理学でも難問のテーマである非平衡統計学という分野への第一歩ともとれる、これまた重要な発見です。

そして3つ目が、この特殊相対性理論です。アインシュタインはノーベル賞を一度しか受賞しておらず、相対論はこれほど重要にもかかわらず全く対象にはなりませんでした。実に不思議なことですね。この理論発見の裏には、ローレンツという数学者の存在が大きかったようです。このことはあとで述べます。

さらにこれは都市伝説のようですが、最初の妻ミレヴァがアインシュタインに助言をした、あるいは共著者になるはずだったということもささやかれています。ここらへんは科学史の専門ではないので、真偽はわかりませんが、それほど彼1人が成し得たとするには、疑ってしまうほどに偉大だったということなのかもしれません。

最後にファンのみなさんへ一言

キャーーその数式の本当の姿を書けるの、プロっぽーい！

2

「光が法となる世界」をつくり上げた

ローレンツ変換の式

数式

$$t' = \frac{1}{\sqrt{1 - \frac{v^2}{c^2}}}\left(t - \frac{v}{c^2}x\right)$$

読み方

tダッシュ　イコール　ルート1マイナス
c2乗分のv2乗分の1
かっこ tマイナスc2乗分のv x かっこ閉じる

なぞってみよう

$$t' = \frac{1}{\sqrt{1 - \frac{v^2}{c^2}}}\left(t - \frac{v}{c^2}x\right)$$

アインシュタインより前に「時間と空間」が混じることを発見

この数式は、光速度に近い速度で移動する人にとっての時間の進みが、静止している人と異なることを表しています。

たとえば、超高速度vで走る電車に乗っている人物の時計の進みt'が、駅で立ち止まっている別の人物の時計の進みtとどのように関係しているかを物語っています。その際、電車に乗る人の時間に、なんと電車の外にいる人の位置xが関係してきます。これは今までの時間、空間の概念ではありえないことです。電車の中の人が、外の座標でどこにいるかで、時間が変わってしまうからです。相対論はこのように、時間と空間が入り混じってくる不思議な世界なのです。

アインシュタインが特殊相対性理論を発表する前年に完成したのが、このローレンツ変換の式です。オランダのヘンドリック・ローレンツ博士により提案されたものです。

きっかけは、電磁気学に登場するマクスウェル方程式がガリレイ変換というものに対して、形が変わってしまっているという事実です。さきほどの電車の例でいうと、駅で静止している人と一定の速度で移動する電車の人を比較するものが、ガリレイ変換というものです。駅であろうと電車の中であろうと、電磁気学は同じ形の法則にしたがっているはずなので、このガリレイ変換で数式の形が変わるのは不自然なことでした。そこでローレンツ博士が、この方程式が形を変えないようにガリレイ変換を拡張して考案したものが、ローレンツ変換です。

これまでの概念のように、時間と空間を別々に扱うことでは、このような変換は絶対に出てきません。時間と空間が混ざるようにつくった、このローレンツ変換の式があって初めて、電車の人も、駅の人も同じ式で表される電磁気学になり、ハッピーとなるのです。

実は、これは電磁気学の式が、すでに光の世界の入り口に足をかけていたという事実に大きく関係しています。今でこそ電磁波の正体は光だということが知られています。しかし当時は、まだ電磁波の正体が光であることまで、理論が行き着いていなかったので、「あれなにか従来のものと違うぞ！」程度の違和感だったのです。それを数学的に解消したのが、ローレンツであり、この変換の式なのです。

時間に空間が混じってきてしまうなんて、ローレンツ自身も、おそらくただの数学上の式だと理解していたはずです。でなければ、この変換に従う世界である、特殊相対性理論をアインシュタインではなく彼が見出していたはずです。

なんとも不思議な発見のドラマです。

たとえていうなら、クイズ番組だとしましょう。

ピーン！

「はい、ローレンツさん」（司会者）

「えーと、この数式どうですか？　みんなの不満を解消するようにこしらえてみたんですが……」

と答えを発しておきながら、

「いや、でもこれは答えとしては……（モジモジ）」

と照れているうちに、ピコン！

「はい、アインシュタインさん」（司会者）

「これこそが光の数式なんじゃよ！（ドヤ顔で）」

「せいか〜い！」（司会者）

と横取り正解になってしまったようなものです。もちろん理論として、きちんとまとめ上げたアインシュタインの業績は、単なる横取りではないことは明らかですが、それでもローレンツ先生、実に惜しい！　番組的には大盛り上がりでしょうが。

こういうクイズ番組的に、一般相対論の誕生を再度語ってみるのも面白いかもしれません。

再びスタジオから、

「＊＊とはなんでしょう？」（司会者）

回答者はみな沈黙中。

「難しいでしょうか、ヒントはΓです」（司会者）

アインシュタインが、閃きます。目を見開いて、

「局所的に平坦時空になる！」と答えます。心の中で（我ながらいいアイデアだ）と自画自賛しながら。

平坦な時空とは、力が働かない時空を意味します。特殊相対論が成り立つ条件は、運動の速度が変わらないものだからです。

局所的に平坦時空とは、ある限られた空間だけ力が働かないとみなせることを指します。たとえば自由落下する箱の中は、無重力に近いのでこれに該当します。ふつうはどこでも重力が働いているため、「局所的」という限定条件を外すことは現実世界ではできません。惑星のような巨大なものがあると時空は曲がり、これによってすべてのものに重力が働いてしまいます。すると落下する物体は速度がどんどん変化してしまうので、特殊相対論では取り扱えなくなります。このような場合は、力が働く時空、あるいは曲がった時空を扱う必要があり、それこそが1章で紹介した重力の世界、つまり一般相対性理論です。

アインシュタインが自画自賛でうっとりと上を見上げていると、司会者が続けます。どうや

ら不十分な回答だったようです。

「平坦時空になるので・す・が、最終的な重力理論の形は？」

ピーン！

「はい、アインシュタインさん」（司会者）

「一般相対論！」

沈黙のあと、司会者がゆっくりと不敵ににやけながら、

「ファイナルアンサー？」

と試してきます。悩んだ彼は、

「ではテレフォンを使います」

電話で、友人のグロスマンに尋ねます。

「曲がった時空、考えたのあっただろう？　なんだっけ？」

「いやあるけど、ありゃいくらなんでも難しすぎねぇか……」

と渋りながら、ある数学者の名を口にします。そして、

「さ、アインシュタインさん、ファイナルアンサーどうぞ」（司会者）

ドヤ顔で、アインシュタインが、

「リーマン幾何学を用いた一般相対論！」

クイズ　俺の光

イラスト　高水裕一

b2式

$$\gamma = \frac{1}{\sqrt{1 - v^2/c^2}}$$

（γ：ローレンツ因子）

b3式

$$dt' = dt/\gamma$$

b4式

$$dx' = dx/\gamma$$

図3-2-1　ローレンツ変換の関連式

「せいか〜い！」

思わず舌を出して、カメラにアピールするアインシュタイン。

ノーベル賞に輝かなかった相対論ですが、このクイズ番組では2問連続正解で、たんまり賞金が出たとか。同じドラマですが、1章より生き生きしたイメージになったでしょうか。

この数式の違う表記として、ルートの部分をそっくりγという記号で置き換えるほうが簡単に書けるため、こちらのほうが一般的に用いられています（図3－2－1、b2式）。これをローレンツ因子といいます。物体が光速度に近くなると、この値が大きくなります。相対論効果がどの程度のものかを表す指標にもなっています。

ローレンツ変換の重要な帰結は、この因子を使った時間の遅れ（同、b3式）や、ローレンツ収縮（同、b4式）です。光に近い速度で移動する世界では、静止している系に対して比べると、時間が遅れ物体の長さが縮みます。

実際にこの数式でvに光速度の何倍かを代入すれば、どれだけその効果が表れるかを計算することができます。そんな不思議な相対論の世界を手軽に味わえる、それがこの数式の魅力といえます。

裏づけをとったのがアインシュタインだった

歴史的にはローレンツよりも先に、１８９７年にアイルランドのジョセフ・ラーモア博士が独自に考案したようです。ローレンツは１８９９年に考案し、１９０４年に完成に至りました。１９０５年に奇跡の年として特殊相対性理論が誕生したことを考えると、実にジャストタイミングで、アインシュタインがこの変換式に出会ったといえますね。

ただしローレンツ自身は、これがなぜこのような変換式になるのかはわかりませんでした。その裏づけをとったのがアインシュタインです。光速度がいかなる系においても同じ速度になるように変換すると、この数式が出てくることで説明されます。これが、「光が法となる世界」を物語っています。

さらにエネルギーの変換式にしたことで、今日の特殊相対性理論がほぼ完成しました。ローレンツの前処理なくしては、相対論の完成がここまで短期間に成し得ることもなかったかもしれませんね。

最後にファンのみなさんへ一言

光は常に見ていますよ、あなたの顔をゆ～っくりと！

3

光のためにつくられた特別空間

ミンコフスキーメトリック

数式

$$ds^2=-c^2dt^2+dx^2+dy^2+dz^2$$

読み方

ds2乗イコール マイナスc2乗dt2乗プラス
dx2乗プラスdy2乗プラスdz2乗

なぞってみよう

$$ds^2=-c^2dt^2+dx^2+dy^2+dz^2$$

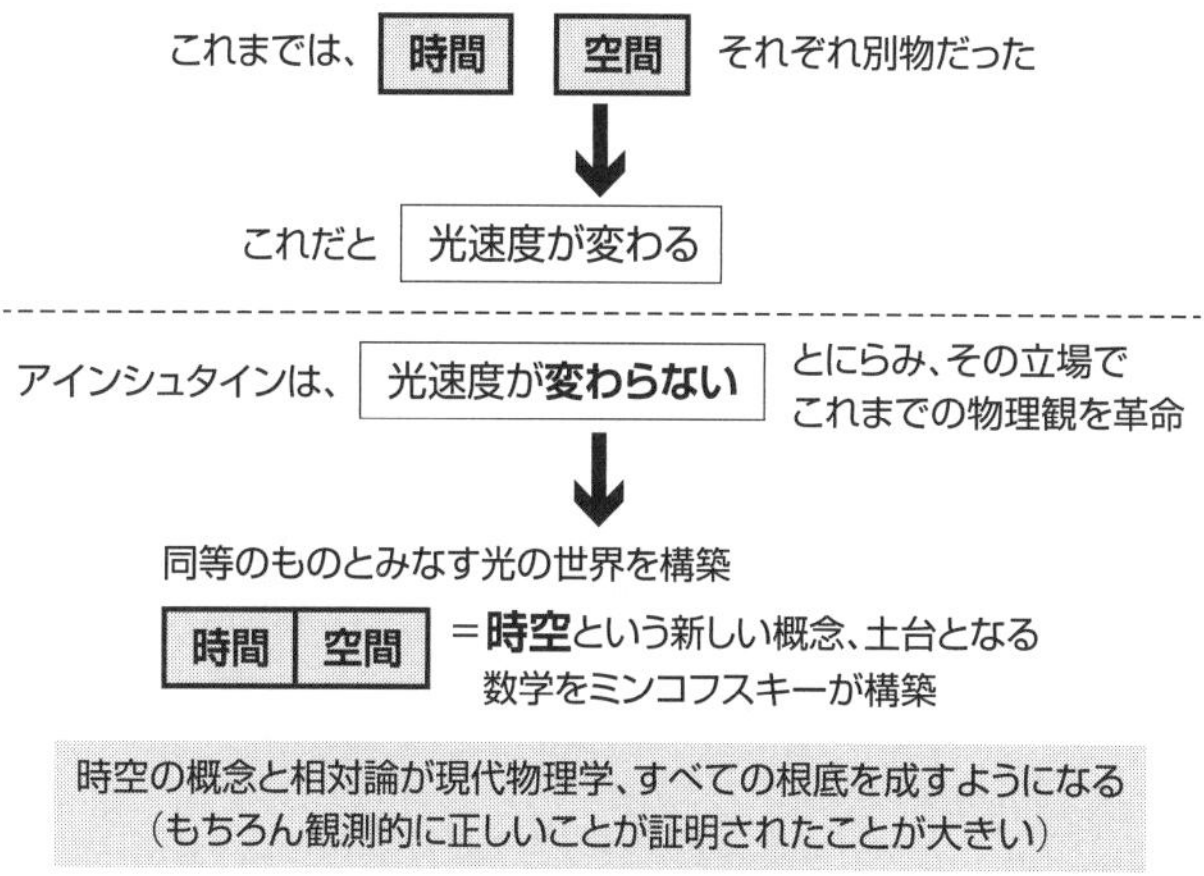

図3-3-1　特殊相対論

「時空」という概念をつくった

時間と空間をあわせたものを時空といいますが、この数式は、特殊相対論の世界を表現する時空を表しています。

ドイツの数学者ヘルマン・ミンコフスキーが、アインシュタインのためにつくり上げた時空間です。自然界のジャイアンである光のために特別に用意された、まさに「俺様空間」です。ミンコフスキーメトリックといいます。

これまでは、時間と空間は全く別種の概念でした。数式上、互いが交わることは決してありませんでした。図3－3－1で見るように、時間と空間を別々に扱っていると、光の速度である光速度が、測る人の運動によって変化します。これは前に説明した、光速度の電車に乗った人のライトから出た光が、光速度の2倍になるということと同じです。

アインシュタインはこのような結論はおかしいと感じ、逆に「光速度はいかなる観測者にとっても、不変な値となる」という光速度不変の原理を考えます。彼の大胆さはこの逆転の発想にあり、これを出発点として、これまでのすべての概念をもう一度真っ新《さら》な状態から再構築しようと大革新したことです。このような世界では、さきほどのローレンツ変換の式が導かれ、時間と空間が入り混じってきます。しかし、おかげでいかなる状況でも光速度は不変に保たれているのです。

まさに光に対する、えこひいきを徹底した世界。光速度の電車に乗った人のライトも、c＋cが2cではなくcとなります。そんな不思議な変換式がローレンツ変換です。そして、これによって、相対論が導かれ、たとえば3章初めのエネルギーの式などが自然に出てきます。

アインシュタインがつくった相対論が建築物だとすると、さしずめローレンツ変換は、その「柱」に相当します。ではミンコフスキーのこの式はいったいどんな役割を果たしているかというと、彼がつくった時空という概念は、その建物の「土台部分」に相当します。土台となる数学の基礎がないと、その上で展開される理論もうまく機能しないのです。相対論がそびえる城の土台をきちんと数学でつくったようなもの、それがミンコフスキー時空です。

これにより、これまでとは全く違う、時間と空間が入り混じり一体となった「時空」という新たな概念がこの世に初めて誕生したのです。

メトリックは日本語で「計量」なので、この数式はミンコフスキー計量ともいいます。計量は前述のシュワルツシルト解のようにピタゴラスの定理と似た形をとり、4次元の時空多様体における距離を表しています。時間部分がマイナス符号なのは、空間とは性質が異なるためです。シュワルツシルト計量と見比べると、だいぶシンプルであるのがわかると思います。この時空間こそ、特殊相対性理論が成り立つ世界を表しているのです。

一方、重力が入ってくると、時空自体が曲がり平坦から曲がった時空へと変わります。数学的には、ミンコフスキー空間からリーマン空間へ移動したと言い換えることができます。

相対論を授業で学んでいる学生時代、これも眠気の中、思わずえっと聞き返したくなる用語に出くわします。それが「ヌル」です。

響きがなんともヌルヌルですが、これはれっきとした物理用語です。よく世界線の距離を分類するときに、「ここは空間的、ここは時間的、そしてこれがヌル的になります」なんて感じで使われます。

次ページのミンコフスキー計量に登場する世界間隔ds^2でいえば、この式のように$ds^2=0$がヌルです。光のことを指して使われていますが、調べてみるとnullという単語自体は、光の意味ではなく、無を表すようです。

$ds^2 = 0$《ヌル》

光速度不変の条件式

それでもこの響きは一度聞くと日本人なら忘れないのではないでしょうか。どこからか、ヌメヌメした妖怪が出てきそうです。光とは、ミンコフスキー空間で、最短の距離を移動する粒子といえます。

ミンコフスキー空間において、「常に光速度が不変である」ということを表すときに、この数式ほどバシッと、決まるものはありません。たとえば等速度v'で移動するまた別の系を考えると、世界間隔は、$ds'^2 = -c^2dt'^2 + dx'^2 + \cdots\cdots$とすべての文字にダッシュがつくだけですが、ヌルを指定した瞬間に、$ds'^2 = 0$となります。つまりどの系でも常に0となるのが、ヌル、光速の場合なのです。ローレンツ変換の式も、ここから導かれます。

そしてアインシュタインは、「等価原理」として自由落下する物体では、局所的に重力が消えることでこのミンコフスキー空間になるとして、相対論の一般と特殊を結びつけることに成功しました。力がない空間と聞くと、なんだか現実に存在していない理想世界のように聞こえますが、「局所的」の1文字が加わると、とたんにありふれた日常の世界そのものになるのです。

自由落下運動がよい例で、自然に落下させれば、勝手に局所的にミンコフスキー空間になります。1章の測地線方程式の右辺、大文字のΓが、局所的にミンコフスキー空間になるときにはゼロになります。

これこそがアインシュタインが自画自賛した人生最良のアイデアを物語っている部分なのです。ぜひここをゼロにするときは、「ヌル！」と叫んで決めてください。

物理学と数学の不思議な関係性

ミンコフスキー空間は、もともとアインシュタインの特殊相対性理論が先にあって、後から構築されました。いわばアインシュタインのために用意された、特別空間といえます。

物理学と数学も関わりは、常に相補的です。ときには先行している新しい数学を使って、物理学の理論体系の基礎に用いる場合、またあるときは物理学が先にある概念を提唱し、その数学的整備のために後づけで理論体系を強化するときに用いる場合があります。今回は、まさに後者に近い立ち位置です。

１９０５年アインシュタインという天才によって、生み出された「光の世界」という新しい物理世界は、数学的にはまだまだ整備不足の状態だったのです。そこで１９０７年頃にミンコフスキーが時空という概念を数学的に記述しました。

いわばアインシュタインに手づくりした「時空チョコ」を渡して喜ばせたというイメージでしょうか。なんともすてきな告白になりそうです。当時の興奮を、ミンコフスキーもこう語っ

ヘルマン・ミンコフスキー
Credit : Hermann Minkowski

ています。

「時空という新しい概念、これはなんてエレガントで革新的なんだ。これによって、空間だけ、時間だけというこれまでの概念は過去の遺物となる。早く博士に伝えなくちゃ！」

私的な語訳で、最後のセリフはもちろん空想ですが、どうせ読むならかわいくお願いします。

似たような数学と物理の例が、量子論にもあります。

量子論も概念が先行し、基礎方程式ができあがりますが、あとからそれを展開する数学的空間が整備されました。それが、「ヒルベルト空間」というものです。今度はヒルベルトの手づくりチョコ告白か！　と期待しますが、少し状況が違います。

ドイツのダフィット・ヒルベルト博士のほうは、量子論のためにこの空間を用意したというよりは、数学的にこの空間がもつ一般的性質に興味がありすでに研究をしていたようです。

「去年つくったチョコだけど、よかったらどうぞ」

ちょっと冷めたバレンタインですね。ヒルベルト博士の業績は、量子論にかぎらず、フーリエ解析、偏微分方程式論など広く数学、物理学、工学で用いられています。

ちなみに標準理論のラグランジアンで登場した、重力のRの項は、「アインシュタイン－ヒルベルト項」という名前がついており、彼の数学的貢献もきちんと名前に残っています。アインシュタインの一般相対性理論のほうは、数学が先行してすでにリーマンによって曲がった時空の幾何学として形になっていたのが、あとで相対論完成へつながったという話を1章で書きました。

このように数学者と物理学者の研究は、相補的にお互いの発展を用いて共に進歩してきたという歴史があるのです。

最後にファンのみなさんへ一言

光速度不変のアイドル、ミンコフスキーメトリックです。
友達にはヌルって呼ばれています。よろしくね！

握手会でファンは、もちろん例のチョコを持参することが必須です。

電磁気学

電気、磁気、そして光という3つの身近な世界

古代ギリシャでは、すでに琥珀と呼ばれる黄色の物体をこすると、ものが吸いつけられることに気づいていました。いわゆる静電気です。そしてこの不思議な現象を表すように、琥珀を意味するラテン語の electrum から、現在の「electric= 電気を帯びた」が生まれました。

下敷きをこすって髪の毛を逆立てていたように、古代ギリシャ人も琥珀で遊んでいたのかもしれません。そんな無邪気で身近なヒロイン、それがこの数式アイドルたちです。電気の性質に加え磁気、さらに光という3つの要素が織りなす多角的な世界、それが電磁気学です。

4

磁場中での電荷の動きを示す
ローレンツ力の式

数式

$$\boldsymbol{F}=q(\boldsymbol{E}+\boldsymbol{v}\times\boldsymbol{B})$$

読み方

F　イコール　q かける かっこ
E プラス v かける B かっこ閉じる

注：太文字は「ベクトル」を表す

なぞってみよう

$$\boldsymbol{F}=q(\boldsymbol{E}+\boldsymbol{v}\times\boldsymbol{B})$$

出ました、ご存じ「フレミングの左手」が登場します！　この数式は、電磁場中で電荷qの粒子が受ける力＝ローレンツ力を表しています。

フレミングの左手の法則

この数式は、電磁場中で電荷qの粒子が受ける力＝ローレンツ力を表しています。

電磁気の力は、２つに大別できます。１つは電気の力、もう１つが磁気による力です。この式では、これらが第１項と第２項にそれぞれ記述されており、電磁気力とはなにかを簡潔に述べた式だといえます。

フレミングの左手は、何のために使ったのか覚えていなくても、あーなんかこんな手の形やったなぁと覚えている人は多いのではないでしょうか。

そこで使っていたのが、まさにこの数式の右辺２項目なのです。

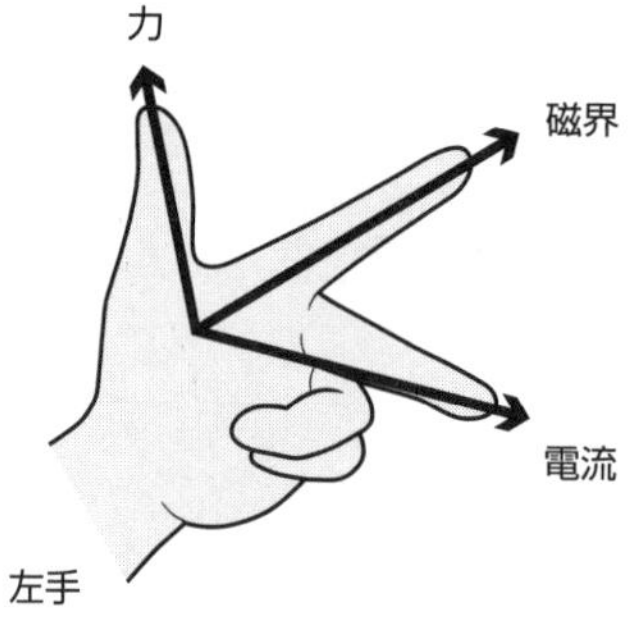

フレミングの左手の法則

この式は、電磁場中における荷電粒子が受ける力を表しており、ローレンツ力と呼ばれています。特殊相対性理論で登場した、ヘンドリック・ローレンツ博士が由来です。

たとえばこの式を使うと、次のような現象が理解できます。

磁場中に置いた金属棒に電流を流すと、勝手に棒が動きます。この棒がどのような力を受けているのかをこの数式は語っています。

電磁気力は、電流と関係した電気と、磁石に代表される磁気が原因で起こる力です。電荷とは物体が帯びている電気の量で、通常クーロンという単位で測ります。qはその電荷量を表していて、プラスもマイナスもあります。プラスの電荷とプラスの電荷を引き寄せると反発し、代わりにマイナス電荷を近づければくっつくという仕組みです。これが電気の力で、式の第1項に対応しています。一方磁気の力が第2項で、フレミングの左手で説明される磁場Bから受ける力となります。vは物体の速度です。速度によっても受ける力が異なります。

電磁気学でもっとも大事な概念が、ベクトルです。ベクトルとはある方向を表すときに用いられるもので、電磁気学ではこの方向が大事になります。

大学課程で電磁気学を学ぶときはふつう2年生からで、まず1年生で電磁気学に必要な数学テクニックである、ベクトル解析というものを勉強します。ここでは割愛させてもらいますが、いずれにしてもこの電磁気学で登場する電場E、磁場B、そして速度vも、ほとんどがベクトルです。

ベクトルの四則演算は、ご存じでしょうか。

足し算引き算まではわりとふつうです。掛け算は2種類あり、割り算は存在しません。

ここではベクトルの掛け算だけお話ししておくと、2つのベクトルA、Bをかけて数が出てくる場合と、別のベクトルCが出てくる場合の2種類があります。前者を内積、後者を外積と呼びます。

内積は$A \cdot B$と真ん中にドットで書き、外積は$A \times B$（＝C）と、ふつうの掛け算のようなバツを書きます。この新しいベクトルCの方向が、A、Bとどういう関係だったっけという立体的関係をうまく伝えるために、ジョン・フレミングというイギリスの物理学者が考案したのが、あの左手の指の格好だったのです。

「電・磁・力」といって、上の数式では、左手の中指から電流の向き（＝正電荷で速度vの向き）、人差し指で、磁場Bの向き、最後に親指が受けるローレンツ力となっており、まさに第2項の、$F = v \times B$をベクトル的に表現しています。よく掛け算で×記号を省きますが、ベクトルの外積の場合は省いてはいけません。意味が通じなくなるからです。

あるアイドルのバラエティ番組で、「フレミングの左手の法則を説明せよ」という問題が出ていました。珍回答として「すべてにおいて、選択肢は3つある」というアイドルのものが紹介され、スタジオは爆笑に包まれていました。でもこの回答、実は本人が意図せず、一周まわって私にはフレミングの法則の本質だと思わせてくれるものでした。

なぜ3本の指を用いるか、その本質は私たちの「空間が3次元である」という事実に基づいています。ベクトルの外積という概念も、この事実が1つのカギになっています。つまり、

「独立な3方向が存在する」ということが、フレミングの法則にとってきわめて重要な根底事実だということです。

もちろん彼女はそういう意味ではなく、「人生において」ということで言ったと思いますが、バラエティを見ていて、たまにはっとすることがあります。

この数式を1章でみたように運動方程式と場の方程式という立場で紹介すると、ローレンツ力は、電磁場がつくった舞台上で踊る電荷粒子の運動なので、運動方程式ということになります。電磁場がどのように生成されるかを記述している場の方程式にあたるのが、次に登場するマクスウェル方程式になります。

電場と磁場という2つからどのように力を受けているかを表されている点が、この数式、最大の魅力です。とくに文字の上ではさらっと$v \times B$と書いてありますが、ちゃんと立体的に受ける力の方向まで表現されているという点も、エレガントといえます。見る人が見れば、これは立体絵画のような陰影を含んでいるともいえますね。これがこの数式アイドルの決めポーズ、形はもうおわかりですね。

電磁気学が、私たちの日常で役立っていることはイメージしやすいのではないでしょうか。

パソコンをはじめとする電化製品はもちろん、身近にある静電気、落雷、摩擦など、考えてみるとあらゆる現象に電磁気学は関わっています。

人体も例外ではなく、常に電気を帯びた物体とみなすこともできます。電磁気学は、主に電場、磁場とさらに光が主役でふるまう総合的な分野です。電場は主に電気に関するもの、磁場はビデオテープやＭＲＩ、さらには発電所、変圧器といったものも関わっています。

これに光が関わるものとして、電子レンジや携帯など、光に関するあらゆる現象も広い意味で電磁気学の扱う分野ですし、実に多くの身近な応用例があります。あなたが視聴している音楽や動画も、ＣＤやＤＶＤといったデバイスもその応用のひとつです。夜に部屋を明るくしてくれる蛍光灯や照明器具があるのも、電磁気学の恩恵です。

身近なものを眺めて、電磁気学がいかに関わっているかを考えてみるのも面白いかもしれません。そのとき回路中では、電荷がこのローレンツ力を受けてせっせと仕事をしていると思うと、この数式にもありがたみを感じてくるかもしれませんよ。ここまでバラエティに富んでいると、イメージできる数式アイドルの活躍も期待がもてるというものです。

相対論の母　ローレンツ博士

ローレンツ博士はすでに紹介したように、特殊相対性理論が発見される大きな契機を与えた人物です。もともとは電磁気学の研究を主に行っており、マクスウェル博士とともに電磁気学発展の大きな立役者となりました。ローレンツ力という数式もその中に含まれます。

その過程で、荷電粒子の振動により光が放射される現象を考え、１９０２年にノーベル賞を受賞します。「放射現象に対する磁性の影響」が受賞業績のテーマです。そして電磁気のマクスウェル方程式にあうように特殊な変換則を考えたのもこのローレンツ博士。これが、ローレンツ変換であり、アインシュタインに大きな影響を与えました。

相対論の父はもちろんアインシュタインですが、相対論の母くらいに貢献した人物です。あのアインシュタインに、「彼は私個人にとって、これまで人生で出会った、もっとも重要な人物です」と言わせてしまう人、それがローレンツなのです。

電磁気、相対論以外にも、彼は流体力学、固体物理学、熱力学と実に幅広く研究を行っていました。これを機会に、左手であの形をとるときにはフレミングだけでなく、ぜひローレンツの名前をあわせて思い出してあげてください。

最後にファンのみなさんへ一言

（左手をフレミングの形にしてファンに向かって）
イェイ、磁場から受けるこの力〜、ローレンツまじリスペクトっす！

5
電磁気による現象を統一させた
マクスウェル方程式

数式

$$\nabla\cdot\boldsymbol{E}=\frac{\rho}{\varepsilon}\qquad\nabla\cdot\boldsymbol{B}=0$$

$$\nabla\times\boldsymbol{E}=-\frac{\partial\boldsymbol{B}}{\partial t}\qquad c^{2}\nabla\times\boldsymbol{B}=\frac{\partial\boldsymbol{E}}{\partial t}+\frac{\boldsymbol{j}}{\varepsilon}$$

読み方

ナブラドットE イコール　イプシロン分のロー
ナブラドットB イコール　ゼロ

ナブラかけるE イコール　マイナス デルBデルt
c2乗ナブラかけるB イコール
デルEデルt プラス イプシロン分のj

なぞってみよう

$$\nabla\cdot\boldsymbol{E}=\frac{\rho}{\varepsilon}\qquad\nabla\cdot\boldsymbol{B}=0$$

$$\nabla\times\boldsymbol{E}=-\frac{\partial\boldsymbol{B}}{\partial t}\qquad c^{2}\nabla\times\boldsymbol{B}=\frac{\partial\boldsymbol{E}}{\partial t}+\frac{\boldsymbol{j}}{\varepsilon}$$

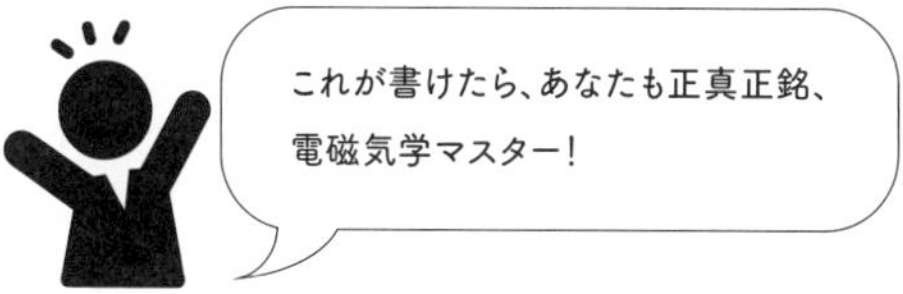

電磁気学の選抜オーディション

ローレンツ力では、電場中や磁場中にある物体が受ける力を表していましたが、ここではそういった電磁場が実際、どのように生成されるかを表しています。

この数式は、電場Eと磁場Bが相互に生成されることを表しています。電場、磁場とはそれぞれ、電気力が作用できる範囲、磁気力が作用できる範囲を表します。

電磁気学は、重力についでもっとも古くから人類が発見してきた現象の総称です。静電気や雷など、日常に現れる例は枚挙にいとまがありません。歴史が長い分、19世紀にはこれまで個別に発見された無数の法則が、これでもかと数多く乱立している状況でした。それぞれ「＊＊の法則」といった発見者の名が刻まれたものがあったのです。そこに、颯爽と登場したのがマクスウェル博士です。彼はそれら無数の現象を説明する法則を選別し、4つまでに絞りました。

これは長い電磁気学の歴史から見ると、到達点とも呼べる偉業なのです。どのように電場と磁場が生成されるかが、シンプルにはっきりと語られています。これは彼によるいわばアイドルの選抜オーディションともいえるかもしれません。多くの少年少女が憧れ、それぞれ名前をもった「＊＊の法則」といった電磁気学の数式ちゃんが一堂にオーディション会場に集まります。審査員であるマクスウェル博士によって、最終的に4人が選抜アイドルとして選ばれまし

1. 電場ガウス則

$$\nabla\cdot\boldsymbol{E}=\frac{\rho}{\varepsilon}$$

2. 磁場ガウス則

$$\nabla\cdot\boldsymbol{B}=0$$

3. ファラデー則

$$\nabla\times\boldsymbol{E}=-\frac{\partial\boldsymbol{B}}{\partial t}$$

4. アンペール則

$$c^2\nabla\times\boldsymbol{B}=\frac{\partial\boldsymbol{E}}{\partial t}+\frac{\boldsymbol{j}}{\varepsilon}$$

図3-5-1　4つの数式

た。まさに勝ち抜いたダイヤモンドの原石といえます。さらにあとでみるように、これら数多くの現象を引き起こす「真犯人」を語ることこそ実はこの数式、最大の功績といえます。

4つも式をあげるのは、反則に近いですが、このひとかたまりでマクスウェル方程式と呼ばれています。4つでも多いと思うかもしれませんが、これまで存在していた電磁気の現象を説明する無数の法則をここまでまとめ上げたことは、実にすごいことなのです。具体的に、それぞれの4つを簡単に見てみましょう（図3-5-1）。

1. 電場のガウスの法則と呼ばれます。

4章で登場する偉大な数学者カール・フリードリヒ・ガウスに由来しています。εは電気定数と呼ばれる定数です。ガウスの法則は、ざっくりいうと「ある電荷をもったものがあると、そのまわりにどのような電場ができるか」を示しています。

2．磁場のガウスの法則と呼ばれます。

こちらは1の式の磁場バージョンですが、右辺がゼロということが大きく異なります。金属などの物体は単独でプラスやマイナスといった電荷を個別で保持できますが、磁場は違います。磁石を見るとわかるように、つねにNとSが両サイドに現れ、どちらか片方だけを単独で取り出すことができないのです。これは磁場Bに関する大変重要な性質のひとつで、磁場には実態となる「磁荷」なるものがありません。つまりこの式はざっくりと、「ふつうは単独でNかSだけの磁場をつくることはできません」といっています。

3．ファラデーの法則と呼ばれます。

電磁誘導という現象が従う数式です。これは巻いたコイルに磁石の棒を近づけたとき、コイルに電流が発生するという現象です。高校で必ず行う実験のひとつです。ざっくりと、「磁場が時間変化することによって、どのような電場がつくられるか」をいっています。

式にはベクトルの外積が使われています。数式を読むイメージとしては、「(左辺の) 回転する電場が、（右辺の）磁場の時間変化によって生まれる」という感じです。「回転する」とは、$\nabla\times$が空間の回転に関わるからです。どのような形状の電場が生まれるかを説明しています。

4. アンペールの法則と呼ばれます。

今度は3と逆で、「電場が時間変化することで、どのような磁場ができるか」を語っています。たとえば、金属棒に電流を流して、そのまわりにどのような磁場ができるかを実験することで、この現象を確認できます。

数式でいえば、「回転する磁場が、電流密度jと電場の時間変化によって生まれる」という意味です。ここまで見ると、なんとなく電場と磁場で、似たような文字の入れ替えがあることがわかります。磁場とは電子の運動の変化によって生じるもので、運動が終わってしまえば消えてしまう影のような存在なのです。これは2番目の法則で見たように、単体の磁荷が存在しないことに関係しています。

「磁場は電子の運動の影なり」という標語が伝われればそれで十分です。

説明が長くなりましたが、これがマクスウェル方程式という4つの基礎方程式の簡単な内容です。どれも電場Eと磁場Bがどのように変化するかを示していて、これが電磁場に関する

「場の方程式」です。電磁気学は古代からその性質が研究されており、これまで発見された法則は非常に数が多かったのですが、マクスウェルによってここまで法則を抽出し、洗練してまとめ上げられたのです。

収穫した無数のコーヒー豆を吟味、精製し、焙煎していく「コーヒーマイスター」を連想してしまいます。マクスウェル博士がいれるコーヒー、ぜひ味わってみたいものです。

この4つの数式をある条件でまとめると、重力波で登場した「波動方程式」が登場します。1章の重力波の波動方程式で出てきた$h_{\alpha\beta}$の代わりに、EやBに置き換えた数式が現れます。しかも速度がきちんと光速度cになっているということも確かめられます。これは電磁場の本質が光であるということを意味しており、電磁波ともいいます。

ただしマクスウェルやローレンツがここまで発見できていたわけではなく、これは後のことです。もしここまでわかっていたなら、ローレンツも自分の変換式が光速度に関するものであると即座に見抜けたはずで、アインシュタインの相対論ではなく、ローレンツの相対論になっていたかもしれません。

電磁気現象の黒幕は光だった

電磁気学の長い歴史がこの4本に結晶化しているのが、この数式の魅力でした。

しかしこの数式最大の意義は、さらに深いことを物語っている点にあります。これまで乱立していた数多くの電磁気現象は、いわば犯行現場に残された証拠品でした。それらから真犯人を推測することが、電磁気学の分野で、物理学者が解明しようとしてきたことです。マクスウェル方程式は、まず「その犯人が、表面上、電場と磁場である」ということを、これら4つの式で語っていました。しかし、この2人の背後には実は真の黒幕がいたのです。

「おい、いい加減白状しろ！　お前らが手を組んで起こした犯行だっていう証拠はあがっているんだからな。しかしお前らには別に黒幕がいるはずだ。そいつの名前を吐け！」

取調室の机を思い切り叩き、容疑者である電場と磁場の両者に圧力をかけます。それでも2人は、白《しら》を切り通して、沈黙を貫いています。しかし、厳しい取り調べも実に長期間にわたっているため、両者の顔には疲労がにじみ出ています。ここで、取調官が譲歩の提案を出します。

「よし、わかった。それじゃ、今から先に真犯人の名を言ったものだけ釈放してやる。残ったやつは、刑期が倍だぞ。どうだ！」

囚人のジレンマに耐えかねた磁場が手を静かにあげます。

「じ、実は、黒幕は光です」

晴れて、磁場は解放され姿を消し、反対に電場は単独で牢に閉じ込められます。

とにかく、マクスウェル方程式が語る電磁気学の現象の真の黒幕は、光ということのようで

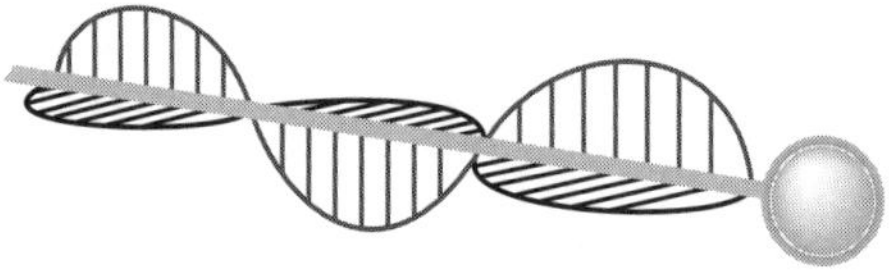

図3-5-2　電磁気

す。４つの式は、表立って「光」の存在が登場しない式になっています。これが隠れた深い意味といっていたところです。まさに黒幕の真犯人といった位置づけがしっくりきます。

正確には、電磁気は光だけが犯人ということではなく、光が司令塔となって「電場と磁場」の３者が織りなす世界です。これが20世紀になってようやくわかってきたことです。まるで謎解きゲームのようにこの数式の暗号を解くと、「電磁力は光によって伝播している」という電磁波、つまり光の正体を知ることになります。図３－５－２は、まさにこの電磁波の正体を描いたものです。光が進むと、それに垂直に、電場と磁場という２つの成分が交互に波打つように生成されていきます。

電磁気学は、物理学の発展の面から見ると単に電気、磁気の現象のまとめというだけでなく、電磁波放射、光幾何学などの光学へと発展する基礎になっています。これが真犯人のストーリー。

そしてさらに先もあります。この式が光の世界の本質を語っていることが、ローレンツやアインシュタインによって見抜かれ、のちに相対論が導かれます。犯人の悪事でいえば、「なに〜、あの国の犯行もお前たちの仕業だと？」と、別々の国で起こっている国際的悪事にまで関与してきた巨大犯行グループのドンであったことが、ばれるのです。そんな光の正体を見抜いたのは、もちろんアインシュタインです。これが物理観の大革命という、相対論のお話になっています。

さらに光は、光子という素粒子の粒でできていることが量子論への兆しでわかってきます。

「なに〜、お前の本名は、光子（みつこ）だと？」

もちろん物理用語では、光子（こうし）と読みます。マフィアのドンが、おもむろに顔に手をやると、マスクのようなゴムを剥ぎとります。するとそこにはルパンの不二子ちゃんのような美貌キャラが登場といったところでしょうか。これが、電磁気学の量子論へのお話となっていきます。

そう考えると、一見長いこの数式ですがそこからはじまる、光学、相対論、量子論という3つの扉に通じる大門であったとみることができます。みつこの、国際社会を股に掛けた犯行の壮大なスケールがイメージできたでしょうか。３つの現代物理理論への大きな門をイメージし

$$\partial_\mu F^{\mu\nu} = -\mu j^\nu$$

図3-5-3　マクスウェル方程式すべてを1本にまとめたもの

て、この数式が果たした貢献を感じて眺めてもらいたいです。

　マクスウェル方程式を完全に相対論バージョンにした式として、4次元形式マクスウェル方程式があります。正確には、これはマクスウェル方程式の1式と4式だけをまとめたもので、2式と3式は自動的に満たされるという性質をもっています。なので、もはや2、3式は別に表現する必要がなく、本質的に「マクスウェル方程式が1本にまとまった」とみることができます。

　このFの中に電場Eや磁場Bが入っており、4次元テンソルになっています（アインシュタイン方程式参照）。電磁場テンソルとも呼ばれています。ちなみに、2章冒頭の標準理論の式中の電磁気部分に登場した$B_{\mu\nu}$というのは、この$F_{\mu\nu}$のことです。なぜか3つの力と対比してならべるときは、文字としてFではなく、Bを使うようです。個人的には、WボソンでW、GluonでGを用いているので、PhotonでPにしてほしいところです。

　プロっぽい形の数式なので、ぜひ、小洒落た感じでご使用ください。

物理学のなんでも屋　マクスウェルの発見

ジェームズ・クラーク・マクスウェルは、イギリス・スコットランドの物理学者です。大学はイギリス北部にあるエディンバラ大学に進学しますが、さらにケンブリッジ大学のトリニティ・カレッジという物理の名門カレッジへ研究場所を移します。

ケンブリッジの話は、ニュートンの運動方程式あたりで書きましたが、マクスウェルもケンブリッジを代表する有名人物です。私もケンブリッジ滞在中、彼が使用していた机が展示されているのを見かけたことがあります。なんてことない木の机でしたが、有名な学者が使用していたものだと思うと、傷のひとつひとつにロマンを感じずにはいられません。

マクスウェル博士の研究は実に多岐にわたります。電磁気で有名な彼ですが、熱力学でも「マクスウェルの悪魔」や、気体の分子運動論の「マクスウェル・ボルツマン分布」でも有名です。また虹の研究も熱心に行っており、はては土星の環の研究までと、興味の幅の広さがすさまじいです。

これほど偉大な物理学者でしたが、ノーベル賞は受賞していません。というのも、ノーベルの遺言によりこの賞が設立されたのは１９０１年のこと。彼が亡くなった１８７９年のもう少しあとだからです。

アルフレッド・ノーベルが亡くなったのが１８９６年なので、同時期といったところでしょ

ジェームズ・クラーク・マクスウェル
Credit : George J. Stodart

うか。ノーベル賞があと少しでも早くはじまっていたら、間違いなく彼が第1号であったはずです。ちなみに第1号の物理学賞は、レントゲンで有名なヴィルヘルム・レントゲン博士です。第2号が、あのローレンツ博士とその弟子ゼーマンでした。

　個人的には、マクスウェルの写真の風格がたまらなくかっこよいです。時代背景もあるのでしょうが、まるで漫画のキャラのように巨大な髭をたくわえており、ダンディなその姿にしびれます。知識も豊富なコーヒーマイスターがいるお店「珈琲屋マクスウェル」に、今日も常連客が集まっています。ちょっと覗いてみましょう。

「虹ってのはね……」

立派な髭のマスターが、コーヒーをサーブするときに何気なく女性客に話しかけます。

「土星の環って知っているかな」

今度は別のお客さんにも。

おいしいコーヒーの匂いに包まれた店内で、マスターがサラッと卓上のナプキンに数式を描きます。そんな女性受けしそうな魅惑的でロマンチックな優しいトークに、女性客はもう虜。話に聞きほれていると、１人のお客さんが「あっ」と言ってコーヒーを床にこぼしてしまいます。しかし一切慌てることなく、実に紳士的にきれいにふき取る冷静なマスター。そして一言、

「ある……悪魔がいたんだよね……」

しばし場の空気が変わるのを感じて、ゆっくりと続けます。

「そいつなら、今こぼれたコーヒー、自然とこのカップに戻すことができるんだよ。彼の名は、マクスウェルの悪魔。この話知っているかな……」

全く抜け目のないトーク術。この内容の続きは４章エントロピー増大則で登場します。

そんな大物のマクスウェルに選抜された数式アイドルは、今まさにアイドル活動としてのスタートラインに立ったばかり。マクスウェル方程式は、古典電磁気学では、１つの到達点なのですが、次のステップがまだまだ先に広がっています。

１つは、相対論化というもの、そして最終的に量子化という階段が残っています。前者はすでにお話ししたところで、後者は、まさにこの次の数式が役割を果たします。数式アイドルでいえば、才能の原石から、ドラマや映画出演といった大きなステップを踏んでいき、大俳優へと変貌をとげていくようなものです。とにかく若きアイドルの成長をもう少し見守りましょう。

これほど豊富な知識をもったマクスウェル同様に、マクスウェル方程式も、電気、磁気、光

という3つの巨大な柱でできた知識の総括神殿です。さしずめ数式アイドルなら、アイドル活動と並行して有名大学に通う才能豊かな若者といったところ。クイズ番組の知性派アイドル枠として、準レギュラー確定でしょう。個性的な演技力も買われ、いずれ大物俳優へと花開き、晴れて、「量子化された電磁気学の数式」になっていく、そんなシナリオが次に語られます。

最後にファンのみなさんへ一言

ちょっぴり長いんだけど、これがマクスウェルのお・ま・じ・な・い！

この数式アイドルも、もともとはマスター、マクスウェルのファンであったとか。

6

宗教と素数の神秘

微細構造定数の式

数式

$$\alpha = \frac{e^2}{4\pi\varepsilon\hbar c} \simeq 1/137$$

読み方

アルファ　イコール

4パイ イプシロン エイチバー c分のe2乗

なぞってみよう

$$\alpha = \frac{e^2}{4\pi\varepsilon\hbar c} \simeq 1/137$$

電磁気力の量子化

この数式は、「電磁気力の大きさ」を決定しています。

この式はもともと1916年、アルノルト・ゾンマーフェルト博士によって、水素原子のスペクトルを説明するために導入されました。2章で出てきた量子論への足掛かりとなった、ボーアの原子模型に関する研究です。つまり、この数式は原子核のまわりをまわる電子、さらにそこから放出される光に関係した量となっています。このシステムもれっきとした、電気と光が関係した電磁気の分野です。そしてこのスケールになると、電磁気学も量子化されます。この数式で初めて電磁気学にプランク定数が加わり、量子論とのつながりができました。つまり数式の発見は、まさにこの電磁気学の量子化に大いに関係してきます。

最終的に、完全に量子化された電磁気力が、2章の最初に登場した標準理論の数式、1つ目の式へと昇格します。とくに第2項は、さきほどのマクスウェル方程式が出てくるようになっている部分です。

ここまでくるとようやく現代物理学の到達点、そのすべての材料がそろいます。1章の重力であるアインシュタイン方程式、2章の素粒子力である強い力と弱い力がそろい、この3章、量子化された電磁気学の式です。これでようやくあなたも正真正銘、2章のあの山の頂に胸を張って立てたことになります。ここまでそろって初めて完成する巨大な1ピースが、標準理論の数式なのです。

これをそらで書けるようになった日には、あなたも晴れて、宇宙を支配する神様言語の日常会話レベルに到達といったところでしょうか。ぜひ本書全体から集約されてくる巨大な数式のスケールをじっくりと味わって、式を写して、声に出して読んでみてください。ひょっこり宇宙の神様が現れ、「アナタ、言葉ワカルノ？」と声をかけてくるかもしれませんよ。

この数式のαのことを微細構造定数と呼び、電磁相互作用の大きさを決めています。この値は、光速度cと素電荷eによって決まっています。ざっくりした値は１３７分の1と近似されます。この値が少しでも小さいと、原子核を構成している強い力、弱い力とのバランスが崩れ、原子の形を保つことができません。１３７分の1を1として、ほかの力の大きさを比べることもできます。電磁気＝1として、強い力は10の6乗、弱い力は10のマイナス4乗、そして重力は10のマイナス36乗にもなるほど小さいのです。この世界のバランスを司っている定数ともいえます。

素数１３７と神秘思想

この数式の魅力は、実は近似値として現れる１３７という数のほうにあるかもしれません。

これは素数です。素数は実に神秘性をもった不思議な分布で登場する存在です。

１３７という素数に底知れぬ魅力を感じていたのが、物理学者のヴォルフガング・パウリです。量子論のパウリの排他律で有名な人です。

彼の父方がユダヤ人で、素数１３７への神秘性もユダヤ教の密教部分である、神秘主義思想カバラと深い関係があるようです。古代イスラエルで用いられていた言語がヘブライ語で、旧約聖書もこの古代ヘブライ語によって記述されていたということです。

現在のヘブライ語は、のちの世の人がイスラエル復活にあたって再構成したもので、現代ヘブライ語と呼ばれることもあります。いずれにしてもヘブライ語は、文字と数字が一対一で対応しています。アレフ、ベートと続き、１、２の数字が対応し、ユッドで10になります。次に20、30とカフ、ラメドと続き、クフで１００になります。最大、タウの４００まで対応しています。

パウリは、夢の研究で有名なユングとも親交が深かったようで、さまざまな異分野の研究者からも刺激を受けていたのです。その中で、あるユダヤ人数学者の友人ショーレムから、このカバラと素数１３７の関係を耳にします。

カバラのことをヘブライ語で表記すると4文字で、これを英語で書くと、ＱＥＢＬとなります。これをヘブライ語の数字に変換すると、１００＋５＋２＋30となり、合計がなんと１３７

になります。信じるか信じないかはパウリ次第……と、まるで都市伝説のような話です。

微細構造定数は現在では、正確な値が１３７分の１からずれていることがわかっているので、意味がないと言い切ってしまえばそれまでです。それでも偉大な物理学者であったパウリが生涯このことを忘れず、自身の著書でも語るほどこの関係に神秘性を見出していたことは、覚えていても面白いでしょう。

学者だからといって、オカルトや都市伝説を決して信じないとは言い切れないからです。その数にどのような魅力を感じるかは、人によって大きく違う、いわば感性に依存した部分が大きいからです。

しかし、この値が１３７と関係ないもっと大きな数であったら、私たちがこの世に存在することもなかったと想像を働かせると、全く見当違いな神秘性とも笑えないのです。

パウリ以外にも、アメリカのノーベル賞受賞物理学者、ファインマン博士もこの定数の魅力のとりこになっていた人物の１人です。彼はこの数式の本質である、電子がもっている電荷eを指して、「深遠で美しい問がある」と称していたようです。数学における魅惑の数「円周率」や「自然対数のネイピア数」といった、この世を司る究極的な数と対等であろうとさえ考えていました。ファインマンはその並外れた直観力、発想力で、電磁気学の量子化に貢献した人物です。きわめて難解な計算を、子どもでも理解できるような絵を描くように、単純な記号で置き換えてみせました。ファインマン・ダイアグラムと呼ばれる数式を記号化させた図は、現在も素粒子の相互作用を記述する上で必須の記法となっています。物理学者なら誰でも脱帽する、彼のたぐいまれで宇宙人ばりの感覚をもってして、「深遠で美しい」と言わせる。微細構造定数には、私たちが実はまだ知らない宇宙の神秘が潜んでいるかもしれません。

そんな神秘性を感じながら、この数式を眺めてみてください。数式アイドルとして見ると、ＵＦＯやオカルト系のバラエティ番組に呼ばれそうなアイドルといえますね。

最後にファンのみなさんへ一言

微細なんて言わないで。ちゃんと電磁気に貢献しているんだから！

第4章 番外編

物理学、さらに数学における重要数式たち

惜しくも、まとめ方の都合上、「アンダーメンバー」となってしまった4つの数式を紹介するのがこの章です。ここでの数式アイドルは、アンダーメンバーとはいえ、そのタレント性は、決して選抜メンバーに引けをとりません。すでに何人かは、ある番組の主要ポジションにキャスティングされているようです。次の楽曲では、この中の何人かが選抜入りを果たすことでしょう。

最初にご紹介するエントロピー増大則は、それこそ「宇宙を支配する時間の式」であり、見方によっては、宇宙の数式のさらに1つレベルが上がった概念を述べている物理学の最重要な式です。さらに続く3つの数式たちは、いずれも物理学を超えて、数学においても重要となっているものたちです。

1

「時間は戻るのか」答えを知る唯一の数式

エントロピー増大則

数式

$$dS \geq 0$$

読み方

デーエス　大なりイコール　0

なぞってみよう

$$dS \geq 0$$

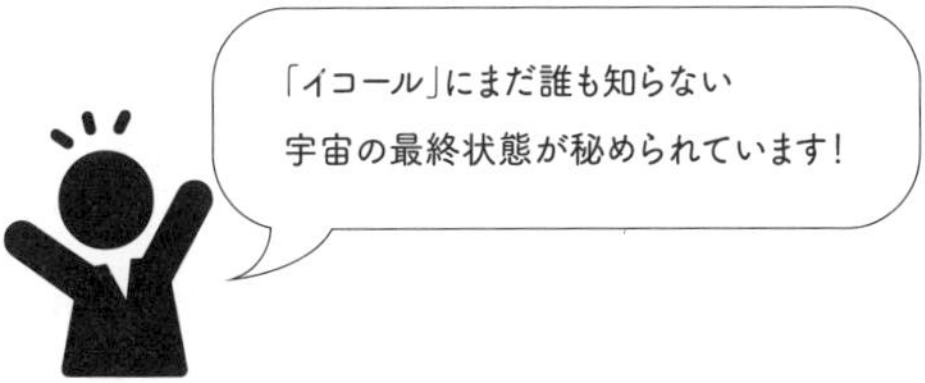

エントロピーは時間とともに増大する

本書中もっともシンプルな数式で、時間の進む向きが一方であることを決定する物理学唯一の法則を表しています。

一言でこの数式の意味をいうと、「エントロピーが増大する法則」を表しています。Sがエントロピーという量ですが、エントロピーとはそもそもなにかとまず意味不明でしょう。じっくりこれを説明するだけでも1冊の本になります。自著『時間は逆戻りするのか』（講談社ブルーバックス）に詳細を語っているので、興味があればご一読いただければと思います。

この分野は物理学では熱力学と呼ばれており、あらゆる熱が関係した現象を扱うことができます。たとえばボールが転がる運動も、厳密には床との摩擦が発生し、常に熱としてエネルギーが出ていってしまいます。バネの運動も、運動によるわずかな熱の上昇が存在します。

つまりこれまでの力学で扱ってきたものは、現実的には熱をきちんと考慮しなくてはならず、あくまで理想的な状況でのみの近似だったわけです。その意味で、熱力学は身のまわりの現象のほぼすべてに関連する、非常にテリトリーの広い分野だといえます。

18世紀には、蒸気機関車や蒸気船など工業的利用も含めた研究で大活躍した分野で、産業革命とともに発展した学問です。

熱力学における基礎法則は主に3つで、熱力学の3法則に集約されています。この数式は、その第二法則に対応しています。第一はエネルギー保存に関すること、第二はエントロピー増大則、そして第三は絶対零度に関することです。法則はどれも非常にシンプルです。ただし見かけ上単純であっても、その意味するところを掘り下げていくと、ほかの分野以上に奥が深いというのもこの分野の特徴です。

最初にこの分野を大学で習うと、多くの学生は退屈を覚えてしまいます。それは出てくることに驚きが少なく、どれも当たり前に感じることばかりを長々とまわりくどく説明するからです。

私も教員として実際に学生に熱力学を教える立場になって、自分で再度この分野の学習をしたことで初めてその真意の深さを味わい、奥深さを痛感しました。勉強とは、まさに何度も読むべき小説のような味わいがあります。

さて熱力学の究極の目的はなにかというと、「熱とはなにか」を明らかにすることだといえます。答えだけ伝えるのは罪悪感がありますが、熱とは「原子・分子といったミクロな粒子の運動である」とまとめられそうです。これを熱運動といって、ブラウン運動とも呼ばれます。

ブラウン運動はアインシュタインが1905年に発表し、この功績によってノーベル賞に輝いたものです。天才をも惹きつける玄人好みの研究テーマ、それが熱力学です。

熱力学は、その発展によってミクロな粒子のふるまいに焦点が向かいます。

そこで登場するのが、統計力学という物理学の分野で、これは学生受けが相当悪いものです。難解で、何をやっているかイメージがつかめないという声をよく聞きます。熱力学という私たち日常の世界と、分子やひいては量子論で扱う素粒子の世界との架け橋になっているのが、統計力学です。次にあげる「ガウス分布の式」とも深く関係しています。

熱力学第二法則に話を戻しましょう。

これはエントロピーという量が、必ず時間とともに増大することをいっています。法則以上に、もはや自然界の原理にまで昇格している重大なものです。たとえば熱いコーヒーが冷める現象、コーヒーにミルクをそそぐと広がっていく現象、コーヒーがマグから床にこぼれると元には戻らない現象、これらに共通するのは、「決して元の状態に戻らない一方通行である」という点です。

3章の髭のマスターがいる珈琲店を思い出しましたか。例にコーヒーを多用しすぎてしまったので、無性に飲みたくなりました（笑）。

この法則は熱に関することをはるかに超えて、「時間はなぜ一方通行なのか」ということに答える唯一無二の自然法則なのです。時間は必ず未来の方向へ進み過去へ戻ることがない、い

われてみれば至極当然ですが、これに答える方程式は本当にこれしかありません。日常のまわりの現象と言っていましたが、地球を超えて宇宙全体においても時間は一方通行となっており、このシンプルな数式が宇宙全体を支配しているといっても過言ではありません。時間の一方通行を規制している、この世で唯一の絶対的支配者だといえるのです。

マクスウェルの悪魔とは、この時間の逆行を可能にしてしまう存在のことで、物理学者は150年におよびやつと格闘してきました。悪魔の話はまたあとで登場するのでおいておくとして、すべての現象はエントロピーが増大するように発展していき、最終的に$dS=0$となるエントロピー最大値に到達します。つまり遠い未来、宇宙もいずれ、この最終状態に向かっていくのです。これがどのような状態なのか、実はまだ謎が多いテーマなのです。

逆行する時間の矢を発見

この数式の魅力は、なんといっても、「時間は戻るのか」という、いにしえからの根源的な問いに答える唯一の式だという点です。孤立系においてもしエントロピーが減少すると、それは時間の矢が逆向きに働き、過去へ時間が流れたことを意味します。映画『テネット』では、そんな時間が逆行する世界がビジュアル的に表現されていて、面白いのでぜひご覧になってください。

実はそれほどＳＦだけの話でもなく、２０１９年に量子コンピュータによって、人工的にこのような逆行する時間の矢が再現されたというニュースがありました。ポイントは、量子論の世界では、たびたびこのような時間が逆向きである素粒子が登場したり奇妙なふるまいをみせたりするということです。

まだまだ発展途上の現象ですが、もしタイムトラベルが可能だとすると、その希望はもしかしたら量子論の世界にあるのかもしれません。そんな夢が詰まっていることが、この数式最大の魅力といえます。

覆水は盆に返るかもしれない、悪魔の歴史

ここではエントロピーという量が発見されるまでのドラマを語ってみましょう。

まず永久にエネルギーを生み出す永久機関を考察する過程で、サディ・カルノーという若いフランス人物理学者が重大な発見をします。カルノーサイクルという頭の中だけで考えた仮想熱機関を提案するのです。

これは現在でもエントロピーを授業で教える際に、必ず登場する熱機関です。この過程で、保存しているある物理量を導きます。それこそが今日のエントロピーそのものだったのです。カルノーの原理というものをまとめ、永久機関ができないことを示し、これがエントロピー増

大則の原型となります。しかし36歳という若さでコレラによって、彼はこの世を去ります。

その後、ルドルフ・クラウジウスというドイツ人の学者がこのカルノーサイクルの研究に取り組みます。１８６５年の論文で、Ｓという文字を用いて、エントロピーという量を初めて定量化します。これが熱力学の提唱となります。

エントロピーとは、もともとギリシャ語のトロペーという「変換」を意味する言葉から、彼によって名づけられました。熱力学の研究で仕事と熱の変換を行っていた際に、ゼロにできないエネルギーの差が出てきたので、それを名付けたようです。

ここで俗説として、Ｓという文字を用いたのは、非業の死を遂げた尊敬するサディ・カルノーのＳをとったといわれています。真意は本人にしかわかりませんが、先駆者の研究者に敬意を払って、バトンを引き継いでいく姿に、リレーのような美談的ドラマを感じずにはいられません。「さくら〜ふぶーきの……」と例の歌が聞こえてきそう。

クラウジウスも、クラウジウスの不等式という数式を１８５４年に提唱してからエントロピーの概念が明確になるまで、およそ11年の歳月を費やしています。第２走者ですでに11年ですから、超長期ロケです。

これまでこの世で誰も気がつかなかった量を生み出したのですから、それは試行錯誤の連続だったはずです。天才たちは、このように己だけが眺める世界をとらえ、まだ誰も見えなかったものを、数式という形で世に紡ぎ出す、最高のクリエイターといえます。実にロマンチックです。

このバトンレースは、さらに続きます。

第3走者、ボルツマン博士は、このエントロピーを状態数で定義する式を導き出します。彼は自分のお墓にもこのお気に入りの数式を刻んでいます。座右の銘ならぬ、座右の数式です。みなさんもお気に入りの数式が決まりましたら、ぜひご検討ください。

彼によって熱力学はほぼ完成され、さらに興味の対象は、マクロからミクロへと向かいます。それが統計力学です。ボルツマンはこの分野でも大きな発見をして貢献していきます。

ここで第4走者として、あの有名珈琲店の髭マスター、マクスウェル博士が再登場です。有名人だけにギャラが高そうですが、番組映像としては絵になります。

走っている最中、彼は熱力学に「マクスウェルの悪魔」という難問を投げかけるのです。

「ところでさぁ、＊＊時間テレビのリレーって、そもそも意味あるのかなぁ……」

スポンサーの熱力学さん大パニックのタブーコメントです。

そうこうしている間に、リレーのバトンは熱力学から統計力学という別コースに突入し、のちのフェルミ博士や、量子論のプランク博士、さらにあのアインシュタインにも受け継がれていきます。

クイズ番組に続いて、「どんだけテレビに出演するんだ、アインシュタインさん」という感じです。このリレーのゴールは、２章の量子論へとつながっていくのです。

もちろんマクスウェルの発言はリレーのことではなく、その意味は、「エントロピー増大則を破る悪魔なる存在」がいるという、論理的なパラドックスを示しています。この難問は、実に１５０年におよぶ悪魔との闘いとして２０００年代まで引きずります。

ようやく解けたと思われていた矢先の２０１９年、モスクワの物理学者レソビク博士らが、量子コンピュータ実験によって、再び悪魔を復活させてしまいます。

「髭のコーヒー悪魔、復活！　リレーなんかやめて、珈琲番組にしちゃおうよ」

まさに悪魔のような誘惑です。だいぶ脱線した表現で、すいません。

彼らは、時間の矢が逆行する状況を人為的に創り出したのです。まさに珈琲店のマスターが予言していた、あの悪魔が復活してしまったのです。店でコーヒーをこぼしたあの出来事からつながっているお話です。

今もこの先の「時間の逆戻り」に関するテーマの結末はまだまだ進展中、そんな状況なのです。量子コンピュータの進展、量子論における時間の本質など、根深い悪魔がこの数式に今も宿っているのです。

最後にファンのみなさんへ一言

あの頃に戻りたい〜？　わたしが許さないんだから！

（最後のキメ顔は実に小悪魔的に）

この数式さん、実はあの珈琲をこぼした張本人といううわさも。

2

偏差値から株価予想まで、データ解析の王様

ガウス分布の式

数式

$$\frac{1}{\sqrt{2\pi}\sigma}\exp\left(-\frac{(x-\mu)^2}{2\sigma^2}\right)$$

読み方

ルート2パイ シグマ分の1　エクスポーネンシャル

マイナス2シグマ2乗分の

かっこxマイナスミューかっこ閉じるの2乗

なぞってみよう

$$\frac{1}{\sqrt{2\pi}\sigma}\exp\left(-\frac{(x-\mu)^2}{2\sigma^2}\right)$$

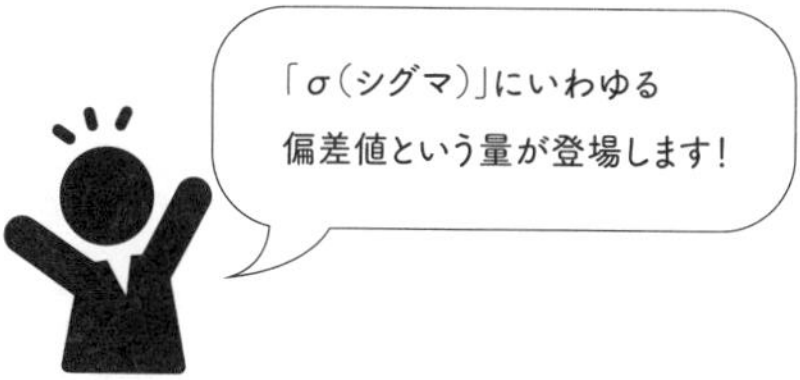

正規分布

ガウス分布と呼ばれている式です。

多くの粒子の集団的特徴を扱う統計学に必須の最重要な式なので、「正規分布」というザ・スタンダードな名称もあります。

熱力学のリレーでも登場した統計力学に関係しています。これと名前が似た統計学という分野もありますが、扱う対象がかなり異なります。統計力学では、主に気体や固体といった物体をミクロな粒子から扱うのに対して、統計学ではもっと一般的な、人の集団を扱うことができます。統計学は、統計解析とも呼ばれる数学の分野です。社会の至る場面で役立っている学問で、現代的な言い方をすると、データ解析もこの分野が基礎にあります。

ざっくりとこの数式が意味することとは、平均値μのまわりでどのように分布しているかということです（図4－2－1）。図で見るとわかりやすいのですが、山のような形をしています。偏差値をイメージするとわかりやすいです。平均点に近い点数をとっている人がもっとも多く、山のすそ野にいくにしたがって、成績が極端に悪い人や極端にいい人が少数存在しています。この数式の山の幅を決めているのがσで、これを標準偏差といいます。

偏差値は、平均点を50にして、σが10になるように規格化したものです。これによって、あ

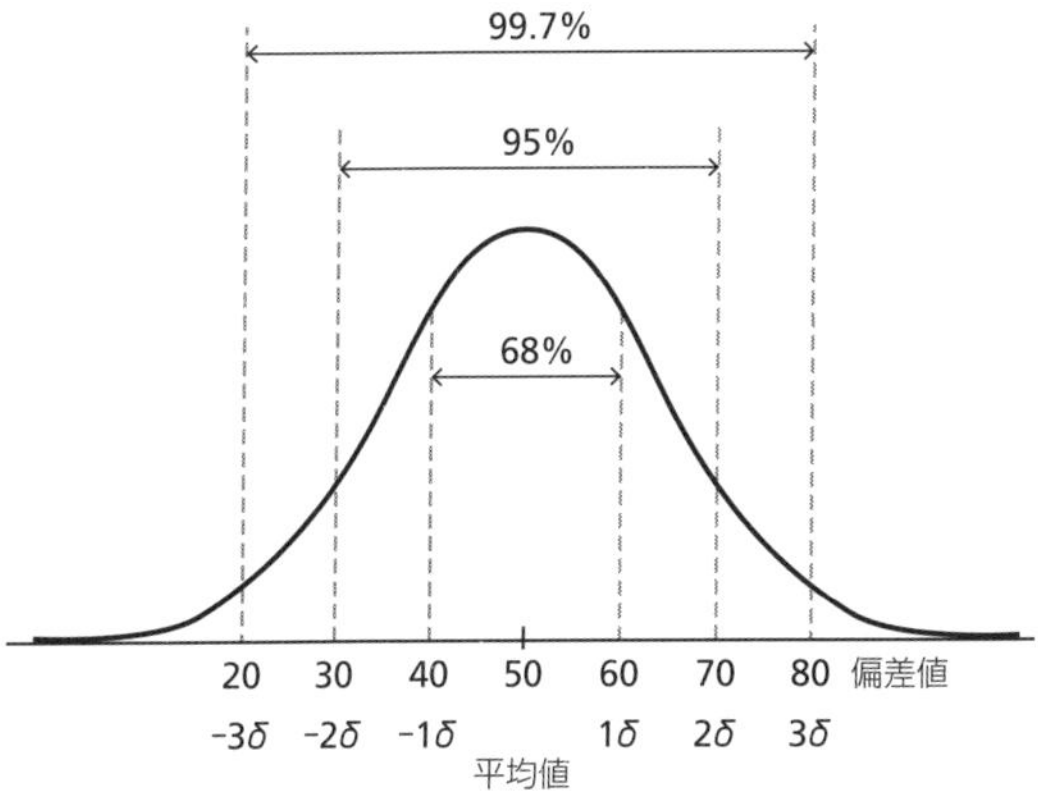

図4-2-1　ガウス分布

るテストの点数をとった生徒の分布が決まります。多くの場合、正規分布にしたがっており、偏差値60で上位16%、70以上で上位2%になります。いろいろな集団が考えられますが、数を多くすればするほど、多くがこの正規分布に従うことが示されています。もちろん例外がありそれにあった特別な分布もありますが、もっともベーシックな分布、それがこのガウス分布なのです。

　統計力学においても、ガウス分布はもっともポピュラーな分布関数のひとつです。気体の分子が従う速度の分布もこのガウス分布であり、マクスウェル・ボルツマン分布という名前がついています。さっきのリレーでいえば、まさに第3走者と第4走者のバトン渡しのような名前です。人も気体も、あのリレー走者たちもすべてはガウスの手のひらの上で踊らされている、そんなことなのかもしれません（笑）。

数学、物理学、天文学と活躍した天才

この数式の魅力は、社会的なデータ解析に非常に有効だという点です。社会というものは、多数の人間が存在している集団です。そのさまざまな集団が示すデータから役立つ情報を取り出すことが、統計解析の大きな目的です。そのためのもっとも純粋な指標が、その集団のある量に関する分布をこの数式に照らし合わせ、平均値と標準偏差で特徴づけることです。それがガウス分布の長所です。実に美しいフォルムに、発見者のガウスもうっとりしたとか。

データ解析の対象として役に立つテーマをあげると、顧客データの解析、視聴率、市場調査、株価予想、さらに商品戦略など本当に多岐にわたります。確率論とも深く関係し、ギャンブルを数学的に解析する場合にも役立ちます。知っておいて損がない、就活でも引く手あまたの数式アイドルといえます。

ガウスほど、のちの数学、物理学、さらに天文学まで幅広い影響を与え、個人の名前が数式に残っている人物はいません。彼の名前がついた数式や公式はもちろん、記号やはては単位名にまでその名が刻まれています。一般にはあまり有名な名前でないかもしれませんが、数学界

の２大巨人として、次に登場するオイラーとともにならぶ偉人です。ガウスは19世紀最大の数学者と呼ばれています。

ガウスの分布関数以外に、彼の名前がつく公式をいくつか列記してみましょう。この分布関数と関係したガウス積分、整数の定義ガウス記号、幾何学のガウス曲率、ガウス整数、電磁気学に登場するガウスの法則とガウスの発散定理などがあります。また物理に登場する電磁気量も入れた単位系としてガウス単位系というのもあります。生み出す数式を、自分の子孫だとするならば、ガウスはまさに「数式の母」と呼べるほど、多くの公式数式を生み出したといえます。数式ゴッドマザー、ガウスです！

カール・フリードリヒ・ガウス
Credit : Gauß-Gesellschaft Göttingen e.V. (Foto: A. Wittmann)

この数式に限らず、数学者ガウスの発見のドラマは、数冊の書物にできるほど膨大です。１人の人物がいくつの業績を人生で成し遂げられたかのランキングをつけたとしたら、おそらく彼がトップ５に入るのは間違いないでしょう。

改めて、本名、ヨハン・カール・フリードリヒ・ガウスの人生における業績をざっくりと振り返ってみましょう。ドイツで１７７７年に生まれたガウスは、年少の頃から並外れた神童っぷりを発揮しています。

言葉をきちんと話す年齢になる前に、すでに誰から学ぶことなく計算を行っていたということです。家業はレンガ職人であり、両親とも学問とは無縁であったので、まさに数学の神様が送り込んだ神童といえます。

有名な逸話として7歳の頃、算数の授業で先生から「1から100までの数字すべてを足してみなさい」と言われて、彼は独自に等差数列の公式を編み出し、その答えを即答したということです。先生も「もはや彼に教えることは何もない」と匙を投げたほどです。自ら数学を生み出す人物に教師がなにかを教えるなんて、実に立場が逆転した状況です。

15歳の頃の逸話として、彼は素数に強い関心をもち、その出現確率を求めました。素数とは、それ自身と1以外で割ることができない数です。2、3、5、7と続き、100までの素数は全部で25個です。さらに1000までの素数となると、その個数は168個しかありません。

彼は、素数がどのような分布をしているかに非常に関心があったということです。これは100年後に証明される素数定理になっています。中学生くらいの少年が100年後の数論の難問を立ててしまうスケールのデカさに驚かされます。

ガウス自身が生涯の自分の業績の中で、もっとも関心が高かったのは、この数論であったと語っています。24歳のとき、天文台で働いていた彼は、計算によって軌道から小惑星ケレスを見つけ出します。

水金地火ケレス木土天……というゴロとして聞いたことがある人もいるかもしれません。そんな未知の天体を見出すという偉業を成し得たにもかかわらず、ガウスは次のように語ります。

「いかほど美しい天文学上の発見でも高等整数論が与える喜びに比べれば言うに足らないのである」

天体の発見よりも数論での発見が最高、天才は言うことが違います。

数論の中に登場する難問は、多くが素数に関するもので、彼の好奇心はすでに若い頃から、まっすぐその対象をとらえていたといえます。


19歳のある朝、彼は目覚めた瞬間に正17角形の作図可能性について閃きます。作図可能とは、目盛りのない定規とコンパスのみで作図することをいいます。正多角形の中で、これまで正三角形、正方形と正五角形、さらに正15角形が作図可能であることが知られていました。またせいぜいこれらを2倍した正多角形まででした。

彼は約２０００年ぶりに、この記録に新たな金字塔を打ち立てたのです。作図できるからなんなのとふつうの人は思ってしまいますが、数学にとっては整数論の発展、あるいは複素数への発展という重要な転機を見出した瞬間だったのです。17は、ガウス整数という特殊な数になっており、$17=1^2+4^2$であり、合成数になる素数なのです。

まぁ詳細はさておき、彼はこの発見をえらく気に入っていたようで、墓標にも正17角形を刻むように申し入れたようです。いきなりそんな注文をされても石職人は混乱の極みでしょうね。

そんな彼の輝かしい業績の歴史ですが、本当に幸運だったのは、彼が77歳という当時として十分すぎるほど長生きができたことです。多くの天才が若くして亡くなっていることを思うと、彼のような大天才が1秒でも長くこの世にいてくれたことが、のちの人類にとってラッキーであったといえます。数学の申し子のような天才のドラマに興味があれば、ぜひ別の本でご覧になってください。

最後にファンのみなさんへ一言

> 見なさい、わたしのこの美しい分布のフォルムを！

3

美しすぎる数式

オイラーの等式

数式

$$e^{i\pi}+1=0$$

読み方

eのアイ パイ　プラス　1

イコール　ゼロ

なぞってみよう

$$e^{i\pi}+1=0$$

自然界において、もっとも美しい数式

偉大な数学者レオンハルト・オイラーの超超有名な等式です。

数学に携わる研究者が、1つだけ好きな数式を選んでくださいと聞かれたら、おそらくランキング1位になるであろう数式です。「自然科学において、もっとも美しい数式」と称されています。

その理由は、数学に登場する基礎的なキャラクターがことごとく登場し、かつそれらがシンプルに結合している式だからです。まず虚数単位のi、乗法の単位元である+1と加法の単位元の0、さらに超越数のπが全員集合のコンプリート数式です。この物理学バージョンが、2章で紹介した「プランク長」でした。

もともとの原型は、「オイラーの公式」というもので、$e^{i\theta}=\cos\theta+i\sin\theta$という数式です。

こちらも超有名で、大学受験の数学では東大をはじめ多くの大学が大好きな出題必須のものです。よく半径が1の円の角度として説明されます。この角度θに180度（これがπ）を代入したものがオイラーの等式になります。ちょうど円周上で、横軸の反対側、つまり-1になるので、+1と打ち消しあってゼロになることを示しています。三角関数という概念と、指数関数というものがきれいに関係づいており、その架け橋をしているのが虚数であるなんて、それぞ

れのキャラクターを知っている人ならしびれてしまうドラマチックな演出です。

片目で論文を書いた数学界の巨人

数学界の2大巨頭が、19世紀のガウスと、18世紀のこのオイラーであるというお話をしました。彼は数学者であり、天文学者、物理学者でもあります。幅広さは、ガウスに引けをとりません。

もっとも驚くべきは、76歳までの生涯に残した業績の多さです。解析学、幾何学、整数論をはじめ、多くの分野で業績を残しその数が群を抜いている偉人です。晩年は右目が見えなくなっても、脳内で執筆した論文を口述筆記によって世に残していました。「どこかのドラマで見たことのある、空中に数式を描くガリレオ先生さながら」です。

レオンハルト・オイラー

耳が聞こえなくなった音楽界のベートーベンのように、数学界の「片目の巨人」と称されていました。ジョニー・デップにぜひ演じてほしい、かっこよすぎる海賊のようです。

数学史上もっとも業績を残した人物として有名なエピソ

ードとして、没後１００年以上経った１９１１年に彼の全集が刊行されましたが、刊行開始後１００年以上たった現在でも、それがいまだに完結されていないというとんでもない状況です。今も日々、オイラーの論文から新しい発見がなされており、考古学ならエジプトのピラミッドさながらの偉大さです。

物理においては、ニュートンの運動方程式のところで次のように解説しました。「重力の理論においてニュートンがまとめた体系以来、およそ２００年間アインシュタインが登場するまで、それほど変化しなかった」と説明した部分です。

追加情報です。実は彼だけがそこに手を加えています。ニュートンが『プリンキピア』を刊行しておよそ半世紀のちに、彼が「解析力学」として、ニュートン力学を洗練させます。

電磁気学におけるマクスウェル博士のように、力学界の珈琲店マスター、オイラーの誕生です。さしずめ店の名前は、「海賊喫茶オイラー」でしょうか。眼帯をしたウェイトレスも流行るかもしれません。

１章で登場したラグランジアンという概念や、数学的に運動方程式を解くエレガントな解法なども彼の業績のおかげです。物理学における彼の功績として、もっとも有名なものが剛体という立体物の運動を扱うための「オイラーの運動方程式」です。また宇宙の分野では、流体力学を扱う上で彼の解析手法は必須のものです。

数学でほかに有名なものとして、「オイラーの多面体定理」があります。

頂点の数－辺の数＋面の数＝2というものです。あらゆる多面体が満たす法則です。

正多面体はもちろん、サッカーボールでも成立しています。常人では気がつくことができないでしょう。日常私たちが目にする何気ない立体物ですが、彼の目には、キラッと光る共通したなにかが見えていたんですね。彼の喫茶店には、あらゆる多面体が天井から机まで、所狭しとならんでいるとか。海賊喫茶の景色をご堪能ください。

最後にファンのみなさんへ一言

まずはウィンク。片目で眺めてみて、オイラーの景色！

（ちょっとオヤジギャグっぽい）

4
足していくのにマイナスになる摩訶不思議
無限級数の式

数式

$$1+2+3+\cdots\cdots=-\frac{1}{12}$$

読み方

1プラス2プラス3プラス･･･
イコール　マイナス12分の1

なぞってみよう

$$1+2+3+\cdots\cdots=-\frac{1}{12}$$

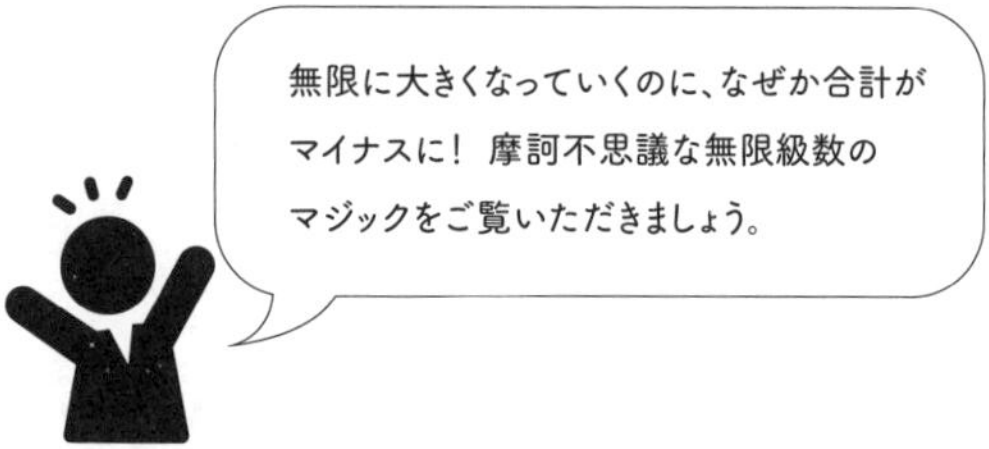

カシミール効果の計算にも使われる

この式のように規則的にいっぱいの数を足し合わせていくものを、無限級数と呼びます。ガウスの少年時代の逸話として、「１から１００までの数をすべて足し上げると？」というものをご紹介しました。

答えは、１００×１０１／２です。これは高校の数列というところで習う公式です。ガウスはこれを独自に7歳で見出していたという話です。ここでこの足し上げる数を大きくしていくと、１０００までで、1000×1001/2＝500500となり、約50万にもなります。当然これを無限大まで大きくして足していくので、決して減ることなく増え続けていきます。つまりいずれ合計も無限大になるはずです。高校でもそう習います。

しかしその真実の答えは、なんとマイナス12分の1という値になるのです。そもそもなんでマイナスの数が一度も登場しないのに、答えにマイナスがつくの？　と誰もが不思議になるはず。

ここらへんの演出をうまく使えば、序章に登場したナプキン筆記でナンパするのも成功するかも。それくらい「えっなんで!?」とマジックを魅せつけられたような数式です。

現代数学では、これはリーマンのゼータ関数という特殊な関数に関係しています。これを使うと、$\zeta(-1)=-1/12$となります。これだと全く不思議さが伝わってきませんが。

リーマンとは、1章のアインシュタインに影響を与えたリーマン幾何学のベルハント・リーマン博士です。このゼータ関数は、素数の積とも密接に関係しており、懸賞金がかけられた未解決問題として知られる「リーマン予想」とも関係します。リーマン予想はゼータ関数についての難問で、素数の不思議な分布とも関係したテーマです。純粋数学において、最重要なものとして現在も多くの研究者が取り組んでいます。曲がった時空の天空から、リーマン先生が人類を試していらっしゃいます。

この無限級数の結果は、単に数学上のことだけではありません。実際に「カシミール効果」という2枚の金属板を平行にならべたときに働く引力に関係しています。マイナスとはこの力が引力であることを意味します。これは真空のエネルギーと同じで、宇宙論で登場したダークエネルギーや宇宙定数とも密接に関わっているテーマなのです。

摩訶不思議なだけじゃなく、私たちの宇宙の根底を決定しているかもしれないとは、ただのマジックのエンターテインメント枠をはるかに超えたものです。超弦理論において空間26次元が登場しますが、ここでもこの無限級数の結果が大きく反映されています。オカルトではありませんがここまでいくつもの真実が出てくると、この数式が宇宙の神秘そのもののような気がして、思わず拝んでしまいたくなります。

証明ができない数学者、ラマヌジャン

歴史的には、最初にこの数式を指摘したのはあのオイラー博士であり、１７４７年のことでした。お宝への嗅覚が違います、さすが海賊マスターです！　海賊喫茶では、この数式がナプキンの上で踊っているかもしれません。

そして１８５９年にリーマン博士がゼータ関数として導きます。リーマンも要所要所で、実にナイスパスを出してきます。彼のアシストを受けて、アインシュタインの代わりに今度は、別の人物がゴールを決めます。１９１３年にラマヌジャンというインドの数学者がラマヌジャン総和法として、無限級数のからくりの説明を確立するのです。

これによって無限まで足していくのに、なぜ途中で合計値が減っていくのかという仕掛けが、ついに明かされます。無限の取り扱いは非常に奥の深いテーマで、単純な足し合わせでは直感通り、無限に発散します。しかしラマヌジャンをはじめ、数学者は無限の先で級数がある種の振動を示すことを見つけ、結果的に合計値がゼロのまわりでゆらいで、マイナスになることを示します。ご興味あればぜひほかの書籍でご覧になってください。実はこのラマヌジャン博士を、紹介する数式ドラマの最後に選んだのにはわけがあります。

彼はおそらく人類史上、もっとも異質な天才だからです。

シュリニヴァーサ・アイヤンガル・ラマヌジャン

それは神様にお祈りをささげることで、数式を脳内に描くことができる能力者だからです。もはや、科学の視点で書く本で扱ういい方ではない気がしますが、事実だから仕方ありません。インドに生まれた彼は、熱心なヒンズー教徒であるとともに、数式の魅力にとりつかれていました。美しい数式を見つけては、それを地面に書き記し眺めていました。

彼の波乱のドラマは、映像としてぜひ映画『奇蹟がくれた数式』をご覧になることをお勧めします。いくつも美しい数式をノートいっぱいに書き連ねて、それをイギリス・ケンブリッジ大学に送ります。

ここで注目すべきは、彼は自分が見出した数式を、自分で一切証明することができないという奇妙さです。ふつう、数学を研究している人なら当然知っているべき証明方法を彼は知らなかったのです。自分で示すことができて初めて意味のある数式が完成します。しかし彼の場合は、神様が教えてくれることで先に答えがふってくるのです。なんじゃそりゃと突っ込みたくなりますが、それほどぶっ飛んだ天才だということです。

この本で紹介している、「美しい数式を書いて眺めてみよう」を地で行い、地球上で唯一神様に選ばれ、ご利益を授かっていた人物なのです。

そんなただの落書きと同じ数式なんて、ふつうは誰も見向きもしません。しかしこれも運命的なもので、ケンブリッジ大学の数学者ハーディ教授の目にだけは、強烈な光を放って輝いて見えたのです。「これはただ者ではないぞ」と瞬時に感じとってしまいます。

その後ケンブリッジ大学に呼ばれた彼は、そこでハーディ教授と二人三脚で、彼が導いた数式の証明作業に取り組みます。それが今日も数々の業績として燦然と輝いているラマヌジャンという人物が残した魔法の数式たちなのです。しかし戦時中での食糧不足に加え、厳格な菜食主義者であった彼は、わずか32歳という若さでこの世を去ってしまいます。

もしも、彼がガウスやオイラーのように長生きをしていたらと想像すると、あまりにも惜しく感じます。多くの物理学者がまだ手にしていない「最強の武器となる数式」をきっとものすごい数生み出していたに違いないからです。なにせ、答えを知っている神様から直接聞くことができるのですから。彼は地球上ただ1人の「神様の言語」の直接的な翻訳者なのです。宇宙人が、この地球から1人だけ死ぬ前に連れ去っていいと言われたら、私はアインシュタインではなく、きっと彼を選ぶのではと思っています。それほど彼の天才レベルは、アインシュタインよりもさらに数段階上の、宇宙人レベルの知性という印象があります。数式アイドルの最後を飾るにふさわしい偉人として、ラマヌジャンをご紹介させていただきました。彼が今も宇宙のどこか遠い高度文明の惑星で、その鬼才ぶりを発揮していると信じています。

最後にファンのみなさんへ一言

神秘的なことに説明はいらない、ただ数式を眺めて感じて祈るだけ！

あとがき

いかがでしたか？　数式の魅力が少しでも伝わったでしょうか。

アインシュタイン方程式の深みが伝われば、宇宙の魅力を感じながら、あなたがそらであの数式を描く日も近いかもしれません。

数式とともに、その発見のドラマに登場した偉人たちの、ときにお茶目な一面がイメージとして伝わったでしょうか。主観的な表現で申し訳ありませんでしたが、私自身も今回の執筆を通して、今まで以上に偉人たちのキャラクターにほれ込みました。

アインシュタイン博士がいかにさまざまなドラマに登場したか、もう一度本書を通して読むと面白いかもしれません。アインシュタインがときめいた測地線方程式のΓ、そしてクイズ番組でのローレンツとのやり取りや、手づくりチョコで告白したミンコフスキーがドラマにいい花を添えてくれています。

モテ男のシュレディンガーと対照的に寡黙なディラックのエピソード、そして個人的には、見事に序章のナンパの伏線を回収してくれた珈琲店のマスター、マクスウェル博士に、大きな拍手を送りたいです。マクスウェル博士の顔写真を改めて眺めて、洗練させた４つの式の偉業から、思わずコーヒーマイスターを連想してしまいました。喫茶店からリレーまで本当に大活躍でお疲れさまでした。

終演の舞台上では、彼らが手を取り合って、フィナーレを飾ってくれています。

本書を通して、少しでも宇宙や、その数式に興味をもってもらえたら幸いです。多少細かい部分がわからなかったとしても、気にせず読んでいいとこ取りをして、自分なりのイメージを抱いてもらえればと思います。みなさんの「推し数式」が１人でも多く見つかればいいなと願っております。

もともとのこの執筆は、宇宙を語る入門的な書籍として幻冬舎さんから提案されたものです。しかし、よく見る宇宙の説明の仕方では、巷の本とあまり変わらないのではと思い、私なりに考え、数式を前面に押し出して、宇宙を語ることを提案させてもらいました。

少し説明的に無理がある部分や、数式を詰め込みすぎて拒否反応をもたれていないかと不安は大きかったですが、このような内容にさせていただきました。

当初は、「数式がかっこいい」をテーマとして男性キャラ的に語っていこうと考えていましたが、編集者さんと打ち合わせをしているうちに、「数式アイドル」という巷で人気なプロデュース方式での魅力の伝え方が浮かびました。これも編集者・岩堀さんのおかげです。ちなみに編集者さんのおススメは、「マクスウェル方程式」だそうです。

神様がこの宇宙を創造し支配しているとすれば、数式とは、森羅万象をもっとも正確に記述することができる、まさに神様の言語といえます。人類がいかに優れた知性をもっていたとしても、この先それら数式を完全な形で1つの数式にまとめ上げることはできないでしょう。本書で登場する数式も、それぞれさまざまな現象を記述できる圧倒的な力をもっていますが、1つが表現できるのは、自然現象のあくまで一部だけだからです。

科学者は、完全なる真理を求めて、それをできるだけ人類の言葉として抽出し、結実させようとした結果、最終的に数式という形にたどり着きました。

これほど多くの力学現象を、たった1つの数式でまとめ上げた天才たちの偉業の輝きが色あせることはありません。神様の言語を、数式という形でこの世の人々にもわかる形で翻訳しようと絶え間なく努力してきた科学者たちに心から敬意を表します。

実は数式アイドルの魅力を語るための本を書くにあたって、乃木坂46さんの番組を視聴しはじめました。すると不思議なことに、重力なら古典的な力だから昔からいる人、ブラックホールなら万能で安定感のある人、量子論ならミステリアスな人と、具体的に一人一人に数式が当てはまっていきました。

私自身これまでアイドルというものをあまり理解していませんでした。40人近いアイドルグループの、最初は区別がつかなかった一人一人も、トークやバラエティの企画を通して、それぞれの個性がどんどんと頭の中に定着していきました。これはある意味、数式の意味がわからず眺めていた今までの読者さんと同じ心理かもしれません。最初は、ただの数式が24個ならんだだけのものも、説明やエピソードを絡めて、もう一度眺めて見てみてください。マクスウェル方程式を眺めていると、珈琲店のマスターのお髭と、コーヒーの良い香りが浮かんできませんか？　身近にあるスマホを眺めていると、シュレディンガー方程式が浮かんできませんか。私もアイドルのファンに入門したことで、数式それぞれの個性や魅力を引き出す工夫ができたように思います。

読んで徐々に数式それぞれの特徴が見えてくると、数式アイドルの個性があなたの頭の中にも、具体的なイメージとして定着してくるはずです。

頭の中で、数式や登場人物が生き生きと、それぞれの良さを発揮してもらえるように工夫しました。その集大成が、数式アイドルの「最後の一言コメント」です。これは細心の注意を払い、彼女たちの魅力をいかに一言で売り込んでいくか悩んでまとめたものです。その出来の良し悪しは、みなさんのご感想に委ねられています。

本書で登場した数式たち24人を勢ぞろいさせて、あなたなりのフォーメーションでならべて描き、ファンとして眺めていただければ、アイドルグループ・スタッフ一同大変うれしく思います。また本書で取り上げなかった数式にも同様にドラマがあるはずです。なにか身近な現象や気になることから、その背景を自分で調べてその数式を語れるようになると、みなさんも立派な数式ファンの一員です。

最後に、編集者の岩堀さん、図版のスタッフさん、そして乃木坂46のみなさんに感謝の意を示して、本書を締めくくりたいと思います。

高水裕一

著者略歴

高水裕一《たかみずゆういち》

一九八〇年東京生まれ。

早稲田大学理工学部物理学科卒業。早稲田大学大学院博士課程修了、理学博士。

東京大学大学院理学系研究科ビッグバンセンター特任研究員、

京都大学基礎物理学研究所PD学振特別研究員を経て、

二〇一三年より英国ケンブリッジ大学応用数学・理論物理学科理論宇宙論センターに

所属し、所長を務めるスティーヴン・ホーキング博士に師事。

現在、筑波大学計算科学研究センター研究員を務める。専門は宇宙論。

近年は機械学習を用いた医学物理学の研究にも取り組んでいる。

著書に『知らなきゃよかった宇宙の話』（主婦の友社）、『時間は逆戻りするのか』

『宇宙人と出会う前に読む本』（ともに講談社ブルーバックス）、

『物理学者、SF映画にハマる』（光文社新書）。

幻冬舎新書 648

宇宙の秘密を解き明かす
24のスゴい数式

二〇二二年三月三十日　第一刷発行

著者　高水裕一
発行人　志儀保博
編集人　小木田順子
編集者　岩堀　悠

発行所　株式会社　幻冬舎
〒一五一-〇〇五一　東京都渋谷区千駄ヶ谷四-九-七
電話　〇三-五四一一-六二一一(編集)
〇三-五四一一-六二二二(営業)
振替　〇〇一二〇-八-七六七六四三
ブックデザイン　鈴木成一デザイン室
印刷・製本所　株式会社　光邦

Printed in Japan　ISBN978-4-344-98650-3 C0295
た-25-1

幻冬舎ホームページアドレス https://www.gentosha.co.jp/
＊この本に関するご意見・ご感想をメールでお寄せいただく場合は、comment@gentosha.co.jp まで。

村山斉

宇宙はなぜ美しいのか

究極の「宇宙の法則」を目指して

カラー新書

宇宙は星や月など目に見えるものが美しいだけでなく、宇宙の法則を説明する理論も美しい。美しい理論とは何か？　美しい理論で宇宙の成り立ちをどこまで解明できるのか？　人類永遠の謎に迫る知的冒険。

村山斉

宇宙は何でできているのか

素粒子物理学で解く宇宙の謎

物質を作る究極の粒子である素粒子。物質の根源を探る素粒子研究はそのまま宇宙誕生の謎解きに通じる。「すべての星と原子を足しても宇宙全体のほんの４％」など、やさしく楽しく語る素粒子宇宙論入門。

小谷太郎

宇宙はどこまでわかっているのか

「地球外生命」はどんな星にいる？　重力波で宇宙の謎がどう解けた？　重力波、ブラックホール、中性子星の衝突・合体などを元ＮＡＳＡ研究員が楽しく解説。宇宙ニュースが10倍楽しくなる！

小谷太郎

言ってはいけない宇宙論

物理学７大タブー

ダーク・マターとダーク・エネルギーの発見は、人類が宇宙を５％しか理解していないと示したが、こうした謎の存在を生むアインシュタインの重力方程式は正しいか？　元ＮＡＳＡ研究員が７大論争を楽しく解説。

幻冬舎新書

鈴木洋一郎

暗黒物質とは何か

宇宙創成の謎に挑む

星や星間ガスの5倍以上も存在し、宇宙の全質量の4分の1以上を占める「暗黒物質」(ダークマター)。星も銀河も暗黒物質がなければ生まれなかった。暗黒物質探査の最前線に立つ著者がその正体に迫る。

大栗博司

重力とは何か

アインシュタインから超弦理論へ、宇宙の謎に迫る

私たちを地球につなぎ止めている重力は、宇宙を支配する力でもある。「弱い」「消せる」など不思議な性質があり、まだその働きが解明されていない重力。最新の重力研究から宇宙の根本原理に迫る。

川村静児

重力波とは何か

アインシュタインが奏でる宇宙からのメロディー

一九一六年にアインシュタインが存在を予言。彼の数々の予言のうち、最後まで残った宿題「重力波」が、百年かかってついに観測された。重力波が観測できると、宇宙のどんな謎が解けるのか？　第一人者が解説。

大栗博司

探究する精神

職業としての基礎科学

価値ある発見は、自分が面白いと思うことを考え抜く「探究心」から生まれる――世界で活躍する物理学者が基礎科学の研究者としての半生を振り返る。学問を志す人、生涯学び続けたいすべての人に贈る一冊。

幻冬舎新書

鳴沢真也

宇宙人の探し方

地球外知的生命探査の科学とロマン

望遠鏡が受信する電磁波から宇宙人が発したと思われる信号を解析する「地球外知的生命探査」（ＳＥＴＩ）。宇宙人は存在するのか。いつ見つかるのか。日本におけるＳＥＴＩの第一人者が熱くわかりやすく解説。

大栗博司

強い力と弱い力

ヒッグス粒子が宇宙にかけた魔法を解く

ミクロの世界で働く「強い力」と「弱い力」。ヒッグス粒子の発見により、この二つの力の奥底に隠されていた、自然界の美しい法則が明らかになった。世紀の発見の意義を、ロマンあふれる語り口で解説。

野本陽代

ベテルギウスの超新星爆発

加速膨張する宇宙の発見

ベテルギウスは星としての晩年を迎え、星が一生の最後に自らを吹き飛ばす「超新星爆発」をいつ起こしてもおかしくない。爆発したら何が起こるのか？　人類史上最大の天体ショーをやさしく解説。

巽好幸

地球の中心で何が起こっているのか

地殻変動のダイナミズムと謎

なぜ大地は動き、火山は噴火するのか。その根源は、6000度もの高温の地球深部と、地表の極端な温度差にあった。世界が認める地質学者が解き明かす、未知なる地球科学の最前線。